《宁东能源化工基地北部煤炭开采对地下水和生态系统影响研究》编委会

NINGDONG NENGYUAN HUAGONG JIDI
BEIBU MEITAN KAICAI DUI DIXIASHUI HE
SHENGTAI XITONG YINGXIANG YANJIU

宁东能源化工基地
北部煤炭开采对地下水和
生态系统影响研究

薛忠歧　韩强强　田　华 / 主编

黄河出版传媒集团
阳　光　出　版　社

图书在版编目（CIP）数据

宁东能源化工基地北部煤炭开采对地下水和生态系统影响研究 / 薛忠歧, 韩强强, 田华主编. -- 银川 : 阳光出版社, 2022.11

ISBN 978-7-5525-6615-4

Ⅰ.①宁… Ⅱ.①薛… ②韩… ③田… Ⅲ.①煤矿开采－影响－地下水资源－研究②煤矿开采－影响－生态系－研究 Ⅳ.①P641.8②Q14

中国版本图书馆CIP数据核字(2022)第243276号

宁东能源化工基地北部煤炭开采对地下水和生态系统影响研究

薛忠歧　韩强强　田　华　主编

责任编辑　林　薇
封面设计　晨　皓
责任印制　岳建宁

黄河出版传媒集团　阳　光　出　版　社　出版发行

出 版 人　薛文斌
地　　址　宁夏银川市北京东路139号出版大厦（750001）
网　　址　http://www.ygchbs.com
网上书店　http://shop129132959.taobao.com
电子信箱　yangguangchubanshe@163.com
邮购电话　0951-5047283
经　　销　全国新华书店
印刷装订　宁夏凤鸣彩印广告有限公司
印刷委托书号　（宁）0024895

开　　本　880 mm×1230 mm　1/32
印　　张　3.125
字　　数　78千字
版　　次　2022年12月第1版
印　　次　2022年12月第1次印刷
书　　号　ISBN 978-7-5525-6615-4
定　　价　32.00元

宁夏水文地质环境地质勘察创新团队简介

"宁夏水文地质环境地质勘察创新团队"(以下简称"团队"),是由宁夏回族自治区人民政府于 2014 年 8 月 2 日批准成立。专业从事水文地质调查、供水勘察示范、环境地质调查、地质灾害调查、地热资源勘察、矿山环境治理等领域研究,通过不断加强科技创新能力建设,广泛开展政产学研用结合,攻坚克难,在勘察找水、水资源评价、生态环境调查评价与环境评估治理等方面取得了一系列重大成果。团队集中了宁夏地质局系统 60 余位水工环地质领域科技骨干,依托地质局院士工作站、博士后科研工作站、中国地质大学(北京、武汉)产学研基地以及"五大业务中心"等科研平台,结合物化探、实验检测、高分遥感测绘等新技术新方法,较系统地开展了区内外水文地质环境地质勘察领域科技攻关,累计承担国家和宁夏回族自治区各类科技攻关项目 30 项,获得国家和宁夏回族自治区各类奖励 8 项,发表科技论文 126 篇,出版专著 8 部。经过几年来的努力发展,团队建设日益完善,已形成以团队带头人为核心,以专家为指导,以水工环地质领军人才为主体的综合优秀团队,引领宁夏回族自治区水文地质环境地质工作健康蓬勃发展,持续为宁夏回族自治区民生建设、生态环境建设、城市及重大工程建设、防灾减灾,环境治理与保护提供着有力的科技支撑与资源保障。

目　录

第1章　绪　论

1.1　研究背景

我国煤炭资源丰富，是世界上最大的煤炭生产国和消费国。煤炭作为重要能源，在一次能源生产结构和消费结构中占比远高于石油、天然气、水电和可再生能源。因此，煤炭作为重要的能源基础支撑着国民经济和社会的发展。但是，由于煤炭资源分布不均匀，西部成为了我国主要的煤炭开采区。宁东能源化工基地位于鄂尔多斯盆地及毛乌素沙地西南边缘，煤炭资源储量丰富，是2003年经国务院批准建设的国家重点开发区、国家重要的大型煤炭生产基地、循环经济示范区，也是鄂尔多斯盆地国家级能源基地的重要组成部分。宁东能源化工基地靠近黄河，地势平坦，自然资源开发潜力巨大，蕴藏着丰富的煤炭资源，集中了自治区约87%的煤炭储量，是我国的14个大型煤炭生产运输基地之一，也成为宁夏回族自治区优先和重点开发地区。

然而，尽管宁东能源化工基地开发条件优越，但区内气候干旱，降水量稀少，蒸发量大。地表被风积沙、黄土覆盖，植被种类稀少，土地荒漠化比较严重，水资源时空分布不均，生态环境对水资源的依赖较强，属典型的生态环境脆弱区。与此同时，煤炭大规模、高强度的开采极有可能给该区的自然环境带来不可忽略的负面影响，诱发围岩破坏、地面塌陷等地质环境变异，煤矿区地下水位下降、泉水干涸、河水断流，环境污染、生态环境破坏等问题。因此，煤炭资源开采、水资源以及植被生态关系十分密切，查明三者的相互关系，开展旱区煤炭资源开采对地下水位以及生态环境的影响研究，对于协调煤炭开采与水资源、生态环境之间的关系，维持该区可持续发展具有重要的指导意义。

之前研究区大部分工作主要集中在地质与水文地质勘察上。经过多年的努力，基本查明了区内地层结构、地质构造、地下水赋存特征、补径排条件、地下水资源量等相关问题，但在植被与地下水的关系、煤炭资源开发与地下水和生态环境的关系等问题研究不够深入。受地下水开发利用、气候变化以及矿区开采持续进行等因素的影响，煤炭开采对生态与地下水影响会发生一定程度的改变，需进一步加深认识。与此同时，以往研究多集中于银川平原以及宁东能源化工基地南部，未能在北部有针对性地开展重点区、高精度的深入研究。为此开展了本次的研究工作。

1.2　研究内容

本次研究以宁东能源化工基地北部为研究区，重点针对梅花井、清水营、羊场湾、灵新四个井田，开展煤炭开采对地下水与生态系统影响研究，查明区内植被生长特征以及煤炭开采对含水层的破坏；分析影响植被生态的主要因素；结合当地地形地貌特征以及水文地质条件，建立地下水与植被生态的关系；探究适宜植被生长的地下水埋深范围以及水分来源；预测煤炭开采对地下水的影响，为能源开发条件下地下水资源与生态环境保护提供科学依据。

　　基于以上目的，本次在研究区内开展煤矿开采对地下水与植被生态环境的影响研究，主要内容包括：

　　1. 在区内植被现状调查的基础上，查明植被生态类型及其分布现状，基于遥感解译与计算查明研究区植被指数的时空变化规律；

　　2. 分析影响植被生态的主要因素，建立气温、降雨、蒸发等气象要素与植被指数的关系，探讨地下水埋深对植被生态的影响；

　　3. 利用同位素技术，对比区内植物水、土壤水、地下水等不同水源的稳定同位素 δD 与 $\delta^{18}O$ 值，计算不同潜在水源对植被生态的贡献比例；

　　4. 基于钻孔资料结合冒落带与导水裂隙带在不同岩性条件下的经验公式计算"两带"发育高度，查明区内不同井田的"两带"发育规律；

　　5. 通过煤炭开采对地下水的影响因素分析，建立评价指标体系并对煤炭开采对地下水的影响进行预测。

第2章 研究区概况

2.1 自然地理

2.1.1 位置与交通

研究区位于宁夏沿黄经济区，属灵武市管辖。地理坐标为北纬 38°00′~38°10′，东经 106°30′~106°45′，总面积约 406 km²。研究区西部为平原区，交通便利，各城镇与乡村间均有公路或简易公路相通。北部有宁夏最大的民航机场——河东机场。国家级化工园区——宁东能源化工基地分布于研究区内及其周边地区，其中，宁东能源化工基地新材料园位于研究区内。区内工矿产区较多，分布有宁东煤炭基地的六个井田，分别为清水营井田、梅花井井田、灵新井田、羊场湾井田、丁家梁井田与英子梁井田，道路纵横交错，但路况较差（图 2.1）。

2.1.2 地形地貌

宁东能源化工基地位于我国西北地区东部，鄂尔多斯盆地西缘，我国三大地形阶梯的第二阶梯之上，总体地势东南高西北低，海拔高程 1100~2700 m，本次研究主要针对磁窑堡地区，属于灵盐台地的范畴。研究区地形起伏较大，地势由东北、东南向中心倾斜。区内主要分布有低山丘陵、黄土丘陵和沙地三种地貌单元（图 2.2）。

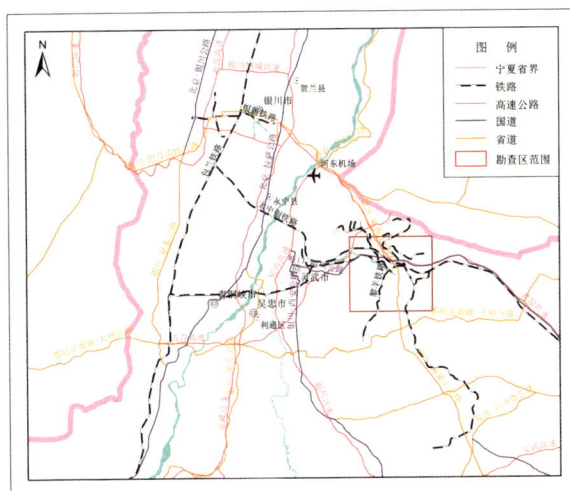

图 2.1　交通位置示意图（来源：作者自绘）

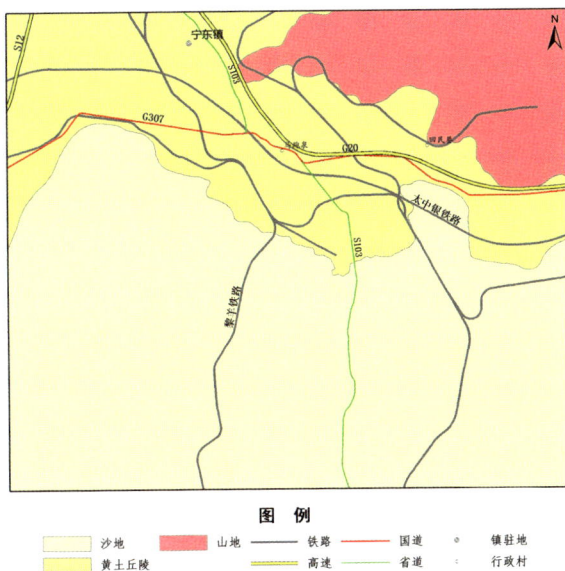

图 2.2　研究区地貌遥感解译示意图（来源：作者自绘）

1. 低山丘陵

低山丘陵分布在研究区东北部，主要是由三叠系、侏罗系、白垩系及古近系、新近系组成的丘陵山地。三叠系主要为二马营组（T_2e）、大风沟组（T_3d）及上田组（T_3s）砂岩、泥岩等组成，侏罗系主要为富县组（J_1f）、延安组（J_2y）、直罗组（J_2z）和安定组（J_2a）砂岩、泥岩组成，部分地层含煤线，白垩系主要为宜君组（K_1y）和洛河组（K_1l），岩性为浅红色中厚层中–粗砾岩、粗–巨砾岩夹细砾岩，偶夹棕红色、浅黄色透镜状、薄层状含砾泥质砂岩，自北而南砂岩夹层有增多之趋势，未见下层底砾岩；渐新统清水营组（E_3q）不整合于下白垩统宜君组之上，岩性底部为橘红色中厚层钙质中砾岩，向上为橘红色、橘黄色厚层粗粒长石石英砂岩、中层钙质中细粒长石石英砂岩夹少量砂砾岩、紫红色泥岩，上部为紫红色泥岩夹橘黄色中层钙质细粒石英砂岩，偶夹蓝灰色钙质泥岩条带。

2. 沙地

沙地地形起伏较小，多为流动性沙滩地、草丛沙丘、蜂窝状沙丘、沙垅、星月形沙丘等。在研究区的中部和南部广泛分布。岩性为中细粒砂、粉砂，碎屑成分主要为石英、长石，少量云母、岩屑，岩性均一。

3. 黄土丘陵

黄土丘陵区分布于研究区的中部，海拔 1200~1500 m，相对高差 200~300 m。该区墚、峁地形发育，片状分布，地形起伏较明显，沟谷发育，其间发育有黄土丘陵和波状沙地、沙丘等次级地貌单元。岩性为基岩和黄土。

2.1.3 气象

研究区属中温带内陆干旱气候区，具有冬寒漫长、夏热短暂、春暖过快、秋凉较早、干旱少雨、蒸发强烈、日照充足、辐射较强的特点。

根据宁夏气象局陶乐、盐池等站资料统计，研究区多年平均气温 9.69 ℃，其中一月份平均气温–7.51 ℃，为全年最低，七月份平均气温 24.40 ℃，为全年最高。年平均降水量 215.57 mm，多集中在 6~9 月，占全年降水量的 73.56%。年平均蒸发量 1389.78 mm，多集中在 4~8 月，占全年蒸发量的 63.41%。年平均日照时数 2800~3000 小时，是中国太阳辐射和日照时数最多的地区之一。无霜期 185 天左右。多年平均风速 1.7~4.3 米/秒，定时最大风速可达 34 米/秒；一般最大风力 5~7 级，有时可达 11 级。（表 2.1、图 2.3）

表 2.1　磁窑堡气象要素多年月平均值（2000—2019）统计表

月份	气温(℃)	降雨量(mm)	蒸发量(mm)
1	–7.51	1.49	32.69
2	–3.00	2.30	58.43
3	4.55	3.70	134.63
4	12.37	9.94	150.97
5	18.09	20.22	191.17
6	22.55	33.76	195.45
7	24.40	46.43	190.33
8	22.41	41.30	153.38
9	16.79	37.08	103.65
10	9.85	13.81	82.00
11	1.49	4.80	61.32
12	–5.68	0.76	35.75
平均或合计	9.69（平均）	215.59（合计）	1389.77（合计）

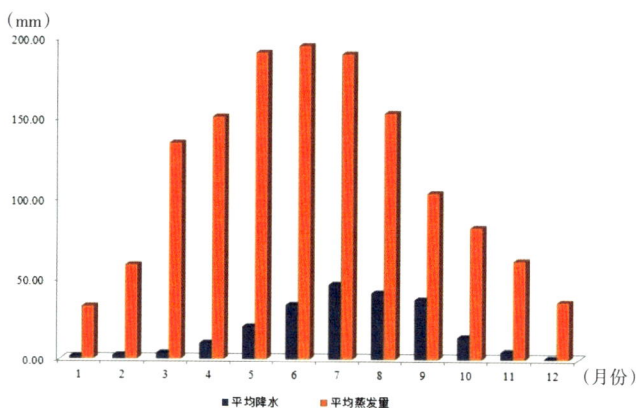

图 2.3　磁窑堡气象要素图（2000—2019）（来源：作者自绘）

　　研究区不同年份的降水量差异较大，根据 2000—2019 年气象资料显示，最大降水量为 322.4 mm（2008 年），年最小降水量为 80.4 mm（2010 年），前者为后者的近 4 倍，年最小降水量仅约为年平均降水量的二分之一。

　　分析可知，多年的气温与蒸发量呈现出明显的正相关性，气温高蒸发强烈。反之相反，降水量变化总体上受气温的控制，并呈相反的分布趋势，即暖期对应少雨年份，冷期对应多雨年份。

2.1.4　水文

　　研究区西邻黄河，属黄河流域，黄河多年平均径流量 266 亿 m³。丰水期多年平均最大流量 3440~3570 m³/s，枯水期流量为 300~400 m³/s，最小流量为 100 m³/s。区内常年性地表径流仅大河子沟（图 2.4）。大河子沟发源于磁窑堡西，于临河以南注入黄河。全长 65 km，流域面积 810 km²，多年平均径流量 226 万 m³，该沟在中下游沟段形成地表水流，并在旗眼山建水库一座，库容 1290 万 m³。其中旗眼山水库位于宁夏灵武市大河子沟下游，据收集资料可知，水库始建于 1978 年

12月，1979年建成，控制流域面积848平方千米，原设计总库容
1090万立方米，为均质土坝，设计坝高20.6米，坝长774米，顶宽7
米，属中型水库。旗眼山水库是灵武市防洪的重点工程，保护着灵武
市以北两乡镇，一个农场，一个林场以及北门工业区，总面积32.2平
方千米，同时保护着秦渠、东沟、307国道、银灵公路、天然气管道、
光缆线路等水利、交通、工业、信息设施，对于保证灵武市国民经济
及人民群众生命财产安全具有重要意义。

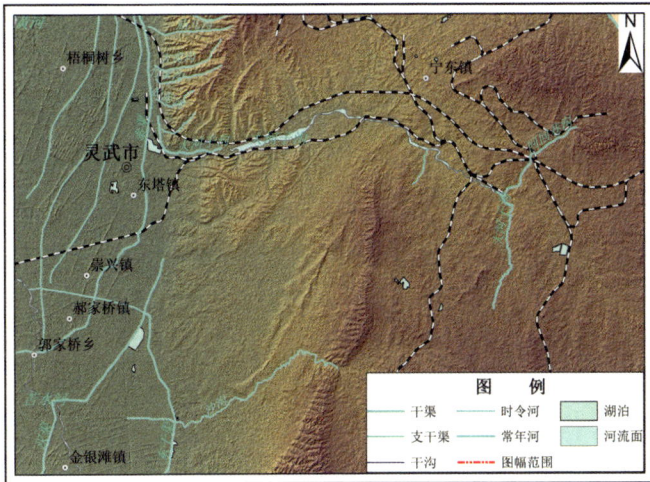

图 2.4 研究区水系分布示意图（来源：作者自绘）

2.1.5 植被

植被的生长与气候、地形、土壤、地下水等自然条件和人为活动
因素密切相关，因而其分布具有明显的地域性。研究区内植被主要以
草甸植被为主，此外还有荒漠草原植被及沙生植被。

1. 草甸植被

草甸植被主要分布在西部平原区引黄灌区，当地地下水位埋藏

浅，土壤无明显盐渍化，适宜农业生产，草甸植被生长茂盛。

2. 荒漠草原植被

主要分布在东北部的广大低山丘陵地区，气候干旱，地下水位埋藏深，土壤有机质少，主要生长耐旱的荒漠草原植被。

3. 沙生植被

在流动的干燥沙丘上很少有植被生长，沙生植物主要分布在湿润的沙丘、丘间洼地及平铺沙地上。

2.2 地质概况

2.2.1 地层

研究区综合地层区划属柴达木–华北地层大区，华北地层区鄂尔多斯西缘地层分区，以黄河断裂为界可划分为贺兰山地层小区和桌子山–青龙山地层小区。本次在《宁夏回族自治区区域地质志（第二版）》及《宁夏回族自治区岩石地层》的基础上，依赖于宁夏回族自治区第八批地勘基金项目"灵武县幅、磁窑堡幅 1:5 万综合地质调查"所建立的岩石地层单位，并采用多重地层划分。研究区内出露地层自老而新有三叠系、侏罗系、白垩系、古近系、新近系和第四系（图 2.5）。

三叠系主要出露于研究区东部宁东、马跑泉、回民巷一带，岩石地层序列自下而上为二马营组、大风沟组和上田组。其中：二马营组为一套河湖相的碎屑岩沉积，主要由灰绿间夹紫红色中–厚层钙质中–粗粒长石砂岩、岩屑长石砂岩组成，横向上岩性、岩相稳定，不夹泥岩，普遍含稀疏的紫红色泥砾和砂质结核、发育槽状交错层理等特征。大风沟组与下伏二马营组和上覆上田组均为整合接触，为一套河流相的碎屑岩沉积，主要由黄绿、砖红、紫红色厚–巨厚层钙质长

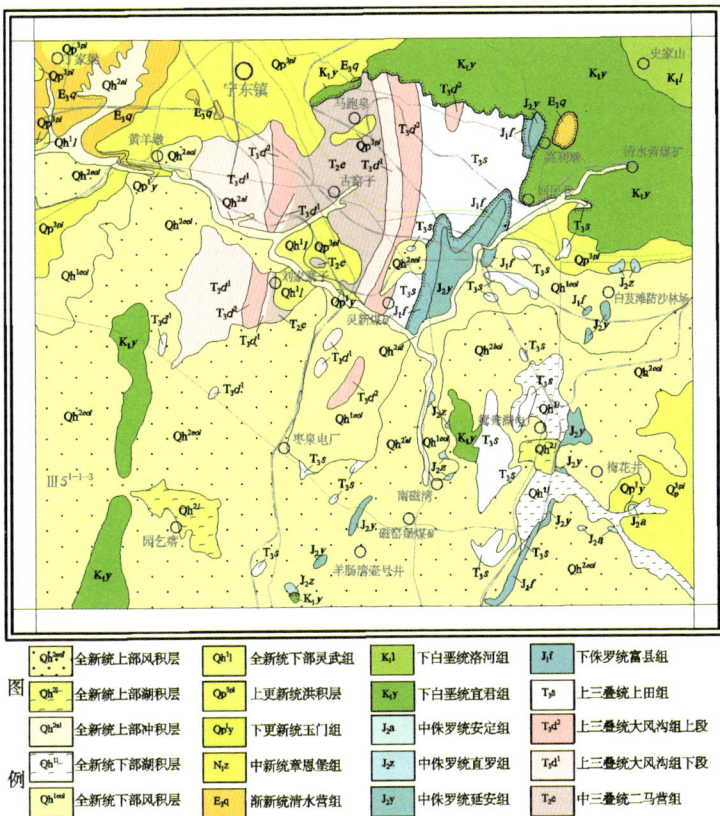

图例

Qh^{2eol} 全新统上部风积层	Qh^{l1} 全新统下部灵武组	K_1l 下白垩统洛河组	J_1f 下侏罗统富县组
Qh^{2l} 全新统上部湖积层	Qp^{lel} 上更新统洪积层	K_1y 下白垩统宜君组	T_3s 上三叠统上田组
Qh^{2al} 全新统上部冲积层	Qp^1y 下更新统玉门组	J_2a 中侏罗统安定组	T_3d^2 上三叠统大风沟组上段
$Qh^{l1.}$ 全新统下部湖积层	N_1z 中新统章恩堡组	J_2z 中侏罗统直罗组	T_3d^1 上三叠统大风沟组下段
Qh^{1eol} 全新统下部风积层	E_3q 渐新统清水营组	J_2y 中侏罗统延安组	T_2e 中三叠统二马营组

图 2.5 研究区地层分布图（来源：作者自绘）

石砂岩、岩屑长石砂岩、岩屑砂岩组成，上部夹紫红色、灰绿色粉砂岩、粉砂质泥岩及灰黑色泥岩（页岩）。上田组与下伏大风沟组整合接触，下侏罗统富县组不整合覆于其上，为一套河湖相的碎屑岩沉积，主要由黄绿–灰绿色中厚层长石砂岩、岩屑长石砂岩、长石石英砂岩和灰黑色粉砂岩、泥岩、页岩组成，产植物及双壳类等化石。不夹红色层、碎屑粒度相对大风沟组较细、泥质岩类夹层较多并出现黑色层等特征。

侏罗系主要出露于研究区东南部回民巷、南磁湾一带，岩石地层序列自下而上为富县组、延安组、直罗组和安定组。其中：富县组与下伏上三叠统上田组呈不整合接触，与上覆中侏罗统延安组整合接触。为一套由浅灰、砖红、红灰、浅黄等杂色碎屑岩和少量泥质岩类组成的河流相沉积。延安组与下伏富县组和上覆直罗组均为整合接触，为一套潮湿气候条件下的河流相–湖沼相沉积，主要由砂岩、泥岩、页岩和煤层组成。直罗组与下伏延安组和上覆安定组均为整合接触，为一套湿热气候条件下的河流相沉积，主要由灰绿、黄绿、灰黄、灰白、砖红色长石石英砂岩、长石砂岩、粉砂岩、泥岩等组成，含植物化石。安定组与下伏直罗组整合接触，下白垩统宜君组不整合超覆于其上，为干旱气候条件下的河湖相沉积，主要由紫红间灰绿色砂岩、粉砂岩、泥岩组成。

白垩系主要分布于东部清水营、回民巷一带，岩石地层序列自下而上为宜君组和洛河组。其中：宜君组不整合于侏罗系或更老地层之上，与上覆洛河组整合接触，为一套干旱炎热气候条件下的山麓相堆积，主要由粗碎屑岩（砾岩、砂砾岩）组成。洛河组与下伏宜君组和上覆环河组均为整合接触，为一套由棕红、棕褐色砂岩、泥质砂岩、砂质泥岩、粉砂质泥岩、泥岩组成的河流相沉积。

古近系清水营组主要出露于研究区甜水河一带，清水营组不整合于下伏下白垩统宜君组之上，底部为一层橘红色中厚层钙质中粗砾岩，下部为橘红色厚层粗粒、中细粒长石石英砂岩夹紫红色泥岩及少量中层砾岩、砂砾岩，上部为紫红色、蓝灰色泥岩、粉砂质泥岩夹橘黄色中层钙质细砂岩，偶夹蓝灰色泥灰岩、灰岩条带。

新近系彰恩堡组主要出露于研究区中东部甜水河、任家庄、宁东地区一带，岩性为土黄-灰黄色砾岩、砂砾岩、橘黄-灰黄色细-中粒长石石英砂岩夹土黄色泥岩。

第四系十分发育，分布面积约占总面积的二分之一。主要有下更新统玉门组、上更新统洪积层、全新统灵武组、洪积层、冲积层、湖积层和风基层。

2.2.2　地质构造

研究区大地构造位置位于柴达木-华北板块（Ⅲ）、华北陆块（Ⅲ 5）、鄂尔多斯地块（Ⅲ5^1）、鄂尔多斯西缘中元古代-早古生代裂陷带（Ⅲ5$^{1-1}$），跨银川断陷盆地（Ⅲ5^{1-1-2}）、陶乐-彭阳冲断带（Ⅲ5^{1-1-3}）两个五级构造单元。

以黄河断裂为界，以西为银川断陷盆地，以东为陶乐-彭阳冲断带。本次研究区位于黄河断裂以东陶乐-彭阳冲断带。

陶乐-彭阳冲断带（Ⅲ5^{1-1-3}）：展布于车道-阿色浪断裂以西、黄河断裂以东地区。研究区内为该冲断带之陶乐-横山堡陆缘褶断带南段，由于周缘巨厚的新生代沉积覆盖，前新生代地层露头出露非常有限，仅在横山堡、灵武和磁窑堡之间有较大面积的三叠系至白垩系出露。地层分布受近南北走向的冲断层控制。横山堡地区以东倾西冲断裂为主，在横山堡西北，早-中奥陶世天景山组灰岩向西逆冲到白垩系之上，前人钻孔揭示天景山组灰岩在寒武系之下重复出现，横山堡和陶乐之间存在调整逆冲位移的右行走滑断层。从有限的露头来看，横山堡地区的冲断层切割寒武系-渐新统的地层，可能是贺兰山南段科学山冲断系统前缘的反冲构造，其形成是燕山期末-喜马拉雅期阿拉善微陆块向东持续挤压结果，形成时间比西部的贺兰山逆冲席和北部桌子山褶皱冲断带要晚。

研究区第四系广布，前第四纪构造形迹大多隐于地下，地表所能直接观察到的露头极少，故很大程度上只能利用钻探、物探等手段所获得的深部资料。研究区构造较为发育（图 2.6）。现择主要褶皱、断裂分述如下。

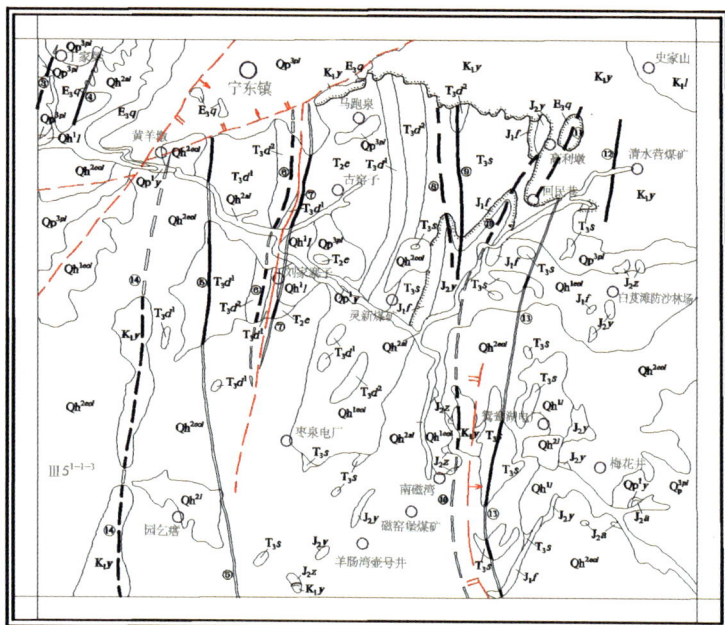

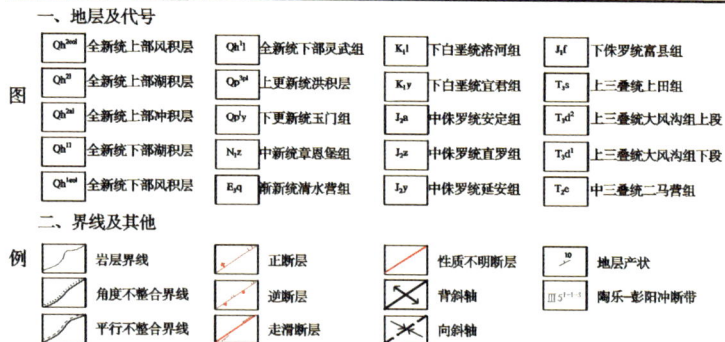

图 2.6 研究区构造纲要图（来源：作者自绘）

2.2.2.1　褶皱

研究区褶皱比较发育，全为轴向近南北向的背斜、向斜组成，分燕山早期、燕山晚期和喜马拉雅早期三期褶皱，其中前者最为发育。

1. 燕山早期褶皱

该期褶皱卷入的地层有三叠系二马营组、大风沟组、上田组和侏罗系富县组、延安组、直罗组、安定组，下白垩统宜君组不整合于其上。该期褶皱均为两翼不对称的紧闭或开阔褶皱，轴向呈近南北向相互平行展布；枢纽均向南倾伏，即背斜向南倾伏，向斜向北扬起；向斜西翼倾角相对较缓、东翼倾角相对较陡，背斜西翼倾角相对较陡、东翼倾角相对较缓；轴面均为高角度向东倾斜。他们是在同一构造体制——东西向挤压条件下形成的，形成时代均为燕山早期。代表性褶皱有以下 8 种。

(1) 花豹湾背斜⑤：展布于滴水沟–花豹湾一带，轴向呈南北向，轴长大于 7 km，两端和中段均被第四系覆盖。枢纽向南端倾伏，轴面向东高角度倾斜。两翼及核部地层均为大风沟组下段，两翼地层相背倾斜。北段（大河子沟以北）西翼地层产状为 250°~265°∠18°~19°，东翼地层产状 90°~110°∠12°~16°；南段（大河子沟以南）西翼地层产状为 255°~270°∠34°~48°，东翼地层产状 90°~110°∠15°~26°。西翼陡、东翼缓，属不对称紧闭背斜。形成于燕山早期。

(2) 大力卜井沟向斜⑥：展布于大力卜井沟东侧，轴向近南北 (10°)，轴长大于 6.3 km，两端和中段均被第四系覆盖。枢纽向南端倾伏，轴面向东高角度倾斜。核部地层为大风沟组上段，两翼地层为大风沟组下段。两翼地层相向倾斜，72°~88°。西翼缓、东翼陡，属不对称紧闭向斜。与花豹湾背斜平行排列，西翼就是花豹湾背斜的东翼；东翼被城梁逆断层纵向切割。形成于燕山早期。

（3）城梁背斜⑦：展布于城梁–刘家寨子一带，轴向近南北
（10°），轴长大于 5.5 km，两端和中段均被第四系覆盖。枢纽向南倾伏，
轴面向东高角度倾斜。核部及两翼地层均为二马营组，两翼地层相背
倾斜。西翼地层产状为 265°~290°∠25°~60°，东翼地层产状 90°~110°
∠15°~25°。西翼陡、东翼缓，属不对称紧闭背斜。与花豹湾背斜、大力
卜井沟向斜平行排列，西翼被城梁逆断层纵向切割。形成于燕山早期。

（4）甜水井向斜⑧：展布于甜水井–北梁一带，轴向近南北向
（6°），轴长大于 5.5 km，北端被宜君组不整合覆盖，南端为第四系覆
盖。枢纽向南倾伏，轴面高角度向东倾斜。核部地层为延安组，两翼
地层为大风沟组、上田组和富县组，两翼地层相向倾斜。西翼地层产
状为 80°~110°∠16°~26°，东翼地层产状 260°~275°∠8°~21°。西翼缓、
东翼陡，属不对称开阔向斜。该向斜南端与回民巷–磁窑堡向斜合并，
是后者的次级褶皱。形成于燕山早期。

（5）甜水井背斜⑨：为回民巷–磁窑堡向斜的次级褶皱，展布于
甜水井–北梁一带，轴向呈南北向，轴长大于 5.5 km，北端被宜君组
不整合覆盖，南端为第四系覆盖。枢纽向南倾伏，轴面高角度向东倾
斜。核部地层为大风沟组上段，两翼地层为上田组、富县组、延安组，
两翼地层相背倾斜。西翼地层产状为 260°~275°∠8°~21°，东翼地层产
状 85°~95°∠11°~17°。西翼陡、东翼缓，属不对称开阔背斜。该背斜南
端与回民巷–磁窑堡向斜合并，是后者的次级褶皱。形成于燕山早期。

（6）回民巷–磁窑堡向斜⑩：北段展布于回民巷村西侧，轴向北北东
向（30°），轴长大于 3.5 km，北端被宜君组不整合覆盖，南端为第四系
覆盖。枢纽向南倾伏，轴面高角度向东倾斜。核部地层为延安组，两
翼地层为上田组、富县组，两翼地层相向倾斜。西翼地层产状为 90°~
135°∠11°~14°，东翼地层产状 280°~305°∠12°~22°。西翼缓、东翼陡，

属不对称开阔向斜。南段展布于磁窑堡一带,全部隐伏于第四系之下。据煤田勘探资料,该向斜轴向为南北向,轴长大于 10 km,枢纽向南倾伏、向北扬起。轴面向东高角度倾斜,两翼不对称,西翼宽缓倾角为 10°~30°,东翼窄陡倾角一般为 25°~45°。核部地层为安定组,两翼地层为直罗组、延安组、富县组、上田组、大风沟组。东翼被磁窑堡东侧断层破坏而不完整。该向斜北部扬起端呈花边褶皱,发育甜水井向斜、甜水井背斜、回民巷村向斜三组褶皱,南端延出图幅外。该向斜北段发育次级褶皱,即甜水井向斜⑧和甜水井背斜⑨。形成于燕山早期。

(7) 鸳鸯湖背斜⑬:展布于回民巷–鸳鸯湖一带,轴向近南北向 (10°),轴长大于 14 km。该背斜多被第四系覆盖,北端被宜君组不整合覆盖,南端延出图幅外。枢纽弯曲向南倾伏,轴面向东高角度倾斜。核部地层为上田组,两翼地层为上田组、富县组、延安组、直罗组、安定组,两翼地层相背倾斜。西翼地层产状为 265°~295°∠26°~35°,东翼地层产状 100°~115°∠15°~24°,转折端产状 190°∠44°。西翼陡东翼缓,属不对称开阔背斜。形成于燕山早期。

(8) 猪头岭向斜⑭:推测隐伏向斜,位于大柳毛子沙窝以东之猪头岭一带。地表有宜君组不整合覆盖于其上,大部分被第四系风成沙掩埋。据煤田勘探资料,该向斜轴向近南北向,轴长大于 13 km。枢纽向南倾伏、向北扬起,轴面向东高角度倾斜。核部地层为安定组,两翼地层为直罗组、延安组、富县组、上田组、大风沟组。东翼陡西翼缓,两翼不对称,属不对称开阔向斜。形成于燕山早期。

2. 燕山晚期褶皱

该期褶皱卷入的最新地层为下白垩统宜君组,属小型开阔褶皱,代表性褶皱有清水营煤矿背斜⑫:展布于清水营煤矿西侧,轴向近南北向(10°),轴长约 3.6 km。枢纽向两端倾伏,轴面直立。核部及两翼地层均为宜君组，两翼地层相背倾斜。西翼地层产状为 270°~290°∠5°~6°，东翼地层产状 80°~95°∠3°~5°。两翼对称，属对称开阔背斜。形成于燕山晚期。

3. 喜马拉雅早期褶皱

该期褶皱卷入的最新地层为渐新统清水营组，属小型开阔褶皱。代表性褶皱有以下 3 种。

（1）高利墩向斜⑪：展布于高利墩村南北，轴向北北东向（30°），轴长约 4 km。枢纽向两端扬起，轴面向西高角度倾斜。核部地层为清水营组，两翼地层为宜君组，两翼地层相向倾斜。西翼地层产状为 90°~120°∠21°~30°，东翼地层产状 270°~305°∠5°~9°。西翼陡、东翼缓，属不对称开阔向斜。形成于喜马拉雅早期。

（2）丁家梁向斜③：展布于丁家梁–沙葱沟一带，褶皱轴向近南北向（20°），轴长大于 2.6 km。枢纽向两端扬起，轴面高角度向东倾斜。两翼及核部地层均为清水营组，两翼地层相向倾斜，西翼地层产状为 100°~120°∠10°~13°，东翼地层产状 285°~290°∠24°~38°。西翼缓、东翼陡，属小型不对称开阔向斜。形成于喜马拉雅早期。

（3）鸭子荡水库背斜④：展布于鸭子荡水库西侧，褶皱轴向近南北向（20°），轴长大于 1.1 km。枢纽向两端倾伏，轴面高角度向东倾斜。两翼及核部地层均为清水营组，两翼地层相背倾斜，东翼地层产状为 100°~120°∠24°~28°，西翼地层产状 285°~290°∠38°~60°。西翼陡、东翼缓，属小型不对称开阔向斜。形成于喜马拉雅早期。

2.2.2.2 断裂

研究区断裂构造比较发育，按总体走向大致分为近南北向、北东向和东西向 3 组。

1. 近南北向断层

（1）城梁逆断层 F12：位于城梁–刘家寨子，断层长度>5.6 km。走向近南北向（10°），倾向北西（280°），倾角 45°~60°。西盘地层为大风沟组，产状 270°~295°∠72°~88°；东盘地层为二马营组，产状 265°~275°∠15°~60°。断层挤压破碎带宽约 100 m，带内主要为受挤压而变形、产状紊乱、破碎的两盘地层。断层特征反映为东盘相对下降、西盘相对上升的逆断层。形成时代为燕山早期。

（2）磁窑堡东侧逆断层 F16：推测隐伏断层，位于磁窑堡东侧，断层长度大于 7.5 km。走向呈南北向（到南邻幅走向变为北北西向），倾向东北，倾角不明。断层西盘地层为侏罗系富县组、延安组、直罗组、安定组，东盘为三叠系上田组等。该断层切割了西盘之磁窑堡向斜⑮东翼和东盘之鸳鸯湖背斜⑬西翼地层，使两褶皱不完整，破坏了地层及其煤层的连续性。形成时代为燕山早期。

2. 北东向断层

该组断层均为推测隐伏断层，性质为正-走滑断层，规模较大。

沙葱沟正-走滑断层 F15：推测隐伏断层，位于大河子沟两侧，断层长度>25 km。走向北东向（35°~40°），倾向东南，倾角不明。该断层地表几乎全被第四系覆盖，据煤田勘探资料，东南盘地层为三叠系二马营组、大风沟组、上田组等，北西盘地层上部为清水营组，其不整合面之下为二叠系孙家沟组、上石盒子组、下石盒子组、山西组、太原组、羊虎沟组及寒武-奥陶系等。断层西南、北东延均出图。推测为正走滑断层。形成时代为喜马拉雅期。

3. 东西向断层

大河子沟-清水营平移断层 F13：推测隐伏断层，西南段沿大河子沟东西向展布，断层长 15.5 km。走向近东西向（80°），倾向、倾角不明。断层两盘基岩裸露，仅沿断层带部分被第四系覆盖，基岩大部分为宜君组，仅有小面积清水营组出露。该断层横向截切走向呈南北向的黄河断裂东支断层，截切了近南北向机砖厂正断层、麦垛山正断层、红沟正断层及轴向近南北向的欢喜梁背斜、马野梁向斜，又被走向近南北向的黄河断裂西支断层截切。东北段隐伏断层，位于清水营村西，断层长度>10 km，断层北东延出图。走向北东向（65°±），倾向西北，倾角70°~80°。断层东南盘基岩裸露，地层有三叠系二马营组、大风沟组、上田组、白垩系宜君组等；西北盘地表大部分被第四系覆盖，仅有小面积清水营组出露。形成时代为喜马拉雅期，晚更新世仍有活动。

2.3 水文地质条件

2.3.1 水文地质单元

根据研究区第四系覆盖厚度、补径排条件及含水情况可进一步划分为风积沙覆盖区和低山丘陵区。

1.风积沙覆盖区

主要分布在大河子沟以南、回民巷沟以东，为风积沙形成的固定沙丘和移动沙丘，面积约为248.927 km²。区内地势较低，地形起伏，地表植被稀疏，且多为沙蓬等低矮藜科耐旱植被。第四系岩性主要为细砂，厚度一般从几米到几十米不等。地下水主要为松散岩类孔隙水，水位埋深较深，含水层厚度不大，一般小于20 m，水量较小。受降雨条件影响富水性季节变化较大。

2.低山丘陵含水区

低山丘陵区基岩出露较多，除沟谷外地势一般较高，地形变化较大，坡度一般为10°~45°。主要分布于大河子沟以北基岩出露面积较大或第四纪覆盖层较薄且含水层厚度较薄的地区，大河子沟、回民巷沟、西天河等沟条，也划分在低山丘陵区主要排泄山区形成的地表径流和矿区排水。主要出露地层有新近系清水营组泥岩、泥质砂岩，白垩纪宜君组钙质砾岩、侏罗纪安定组、直罗组、延安组砾岩、粉砂岩，三叠纪大风沟组、二马营组中–粗砂岩、粉砂岩、泥岩等。该区地层厚度较大，且断层、褶皱等地质构造中等发育，裂隙较发育，地下水主要受降雨补给储存于裂隙中或沿裂隙排泄至沟谷中。

2.3.2　地下水类型

　　根据区域水文资料以及对研究区内地下水赋存条件和水力特征的进一步分析，将地下水按不同赋存条件划分为第四纪松散岩类孔隙水和山区碎屑岩类孔隙裂隙水（图2.7）。

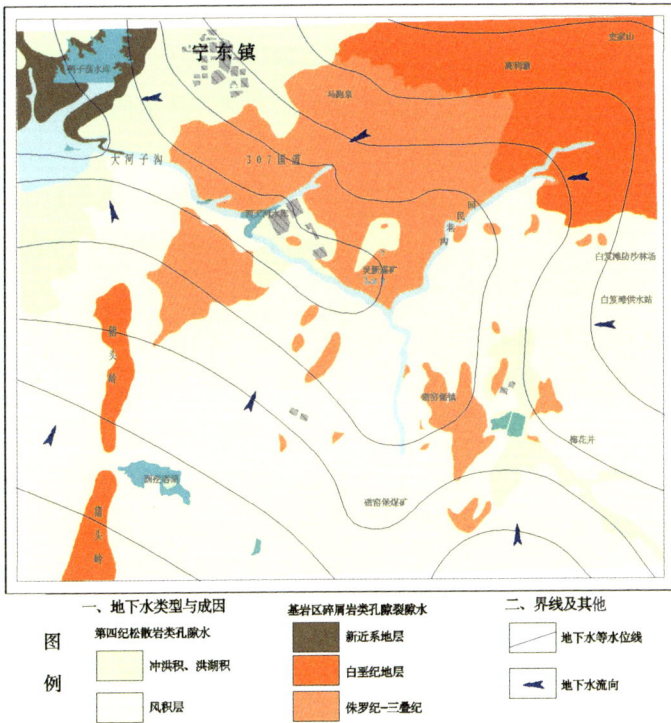

图 2.7　地下水类型及浅层地下水流场略图（来源：作者自绘）

1. 松散岩类孔隙水

分布于研究区大河子沟以南部分地区，地层岩性主要为风积沙形成的移动沙丘、固定沙丘及沙滩地，含水岩组地层岩性主要为细砂。由于这些丘陵地区上部风积沙一般厚度不大，在低洼地一般含水，但含水层厚度较小，单井最大出水量较小，一般<300 m³/d。在砂层覆盖较厚的地方，水位一般较深。地下水水质主要受基底地层时代及岩性影响，溶解性总固体含量均小于 3 g/L，一般为 0.25~1.75 g/L。在一些侧向径流补给区前缘（白芨滩供水站附近、灵武枣泉电厂以南、猪头岭以西），存在地下水溶解性总固体<1 g/L 的淡水。地下水流向总体由东南向西北方向排泄，在白芨滩供水站附近由东向西向回民巷沟排泄，在枣泉电厂西侧至猪头岭由东南向西北方向排泄至大河子沟，在猪头岭以西主要排泄至平原区。山区沟谷中，地下水主要赋存于冲积砂砾石、砂中，第四系厚度 11~30 m 不等，富水性 300~1000 m³/d，但主要受山区侧向补给影响和矿区排水影响较大。

2. 碎屑岩类孔隙裂隙水

研究区北部基岩出露的山区，地势较高，地形起伏较大。地下水主要为碎屑岩类孔隙裂隙水，该含水层岩性为红色、灰绿色砂岩、砂砾岩及泥岩、砂质泥岩。由于泥岩及泥质砂岩透水性差，构成含水岩组隔水顶、底板，含水层岩性为细砂岩、粉砂岩、砂砾岩。新近系、古近系地层分选性差，沉积时水动力条件不稳定，黏性土岩类、砂岩类常互相掺杂，黏土干后易碎，砂岩干后呈胶结状。水质及赋水条件较差，溶解性总固体含量>5 g/L，单井涌水量一般<300 m³/d，且水位埋深较大一般超过 15 m，钻孔资料中最深超过 52 m。

单一潜水区下部隐伏地层主要为白垩系细粒砂岩、三叠纪粗粒砂岩、泥质砂岩、砂岩等，含水层厚度较大，水位埋深一般在 2~15 m 左右，富水性一般在 100 m³/d 左右，TDS 为 1~3 g/L，主要为大气降水及侧向补给，储存于砂岩等碎屑岩中，向沟谷侧向排泄，最终形成地表径流沿沟谷排泄至黄河。在 400 m 深度内大部分收集钻孔的单井涌水量为 500~1000 m³/d，TDS 为 1~3 g/L。白垩纪地层中主要为砾岩、粉砂岩含水，但其间通常以钙质填充，单井涌水量一般为 20~100 m³/d，TDS 一般>3 g/L。

2.3.3　地下水补径排特征

受地形地貌、地层、构造及水系影响，浅层地下水呈窝状分布，没有连续的含水层，地下水没有统一的流向，本次研究为了表示地下水的流动特征，概略描述浅层地下水的流程，绘制浅层地下水流场图(图 2.7)。山区沟谷及白芨滩坳谷洼地的补径排条件有所区别。

1. 山区沟谷

此区域山区沟谷主要为大河子沟。地下水的径流受地形地貌的影响，基本向沟谷排泄，总体趋势从东北向西南流动。近年来，由于防风固沙、恢复生态、植树造林，改变了原有的地下水的补给方式。区内地下水的补给主要为大气降水入渗、洪水散失的补给。丰水期地下水向大河子沟排泄，枯水期大河子沟补给地下水。因此，在风积沙覆盖区，地下水水质由南向大河子溶解性总固体逐渐升高。地下水的排泄浅部主要以蒸发排泄为主，在丰水期向沟谷排水沟排泄。

2. 白芨滩坳谷洼地

地下水的补给主要以大气降水入渗补给为主，地下水的径流方向以放射状指向坳谷低洼处或山间沟谷，含水层厚度薄，地下水埋藏浅，地下水排泄主要为蒸发和沟谷排泄。

2.4 煤炭资源概况

2.4.1 矿区分布概况

研究区位于宁东煤炭基地北部，区内分布有六个井田（图2.8）。

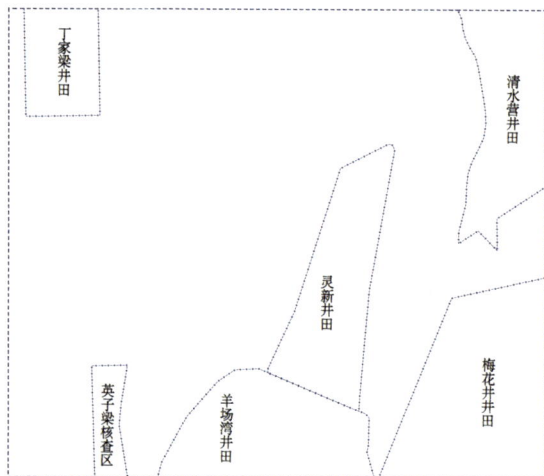

图 2.8　磁窑堡幅矿区分布示意图（来源：作者自绘）

1.清水营井田

清水营井田呈南北向条带状展布，北起宁蒙边界（长城），南止白芨滩古河道，西以十八煤层露头线为界，东至断层，南北长约 11 km，东西宽约 7 km，面积约 77 km²。地理极值坐标：东经 106°41′28″~106°48′55″、北纬 38°05′02″~38°12′48″。

2.梅花井井田

梅花井井田位于东经 106°40′22″~106°46′53″，北纬 37°58′20″~38°04′21″。井田北边界 S11（4215500，36386490）至 S10(4216665，36392270)；南边界 S15（4205485，36384170）至 S16（4205230，36391385），西

部以各煤层露头风氧化带下限和鸳鸯湖背斜轴为界，东部以 2 煤组+500 m 水平的立面投影线为界。

3. 灵新井田

灵新井田位于东经 106°37′~106°40′，北纬 38°01′~38°08′，煤矿南北走向长 11 km，平均倾向宽 2.486 km，面积 27.3476 km²。

4. 羊场湾井田

羊场湾井田位于东经 106°33′~106°39′，北纬 37°54′~38°02′，井田范围北以第 12 勘探线与磁窑堡井田相邻，东及东南以 F1 断层和 117 号孔与 2006 号孔连线为界，西南以赵儿塔井向斜轴与枣泉井田相隔。勘探区南北长约 8 km，东西宽约 5 km，面积约 40 km²。

5. 丁家梁井田

丁家梁井田位于东经 106°30′45″~106°32′15″，北纬 38°10′15″~38°07′45″。西以 F1 逆断层为界，东以 F25 逆断层为界，西北部及浅部以九煤露头为界，南部以大（坝）-古（窑子）铁路为界，深部以一煤底板水平标高+100 m 为界，东西宽 2.5 km 左右，南北长约 4.5 km，面积约为 9.8 km²。

6. 英子梁井田

英子梁井田位于碎石井详查区的北部，地势比较开阔，详查区面积 7.2 km²。东侧为四耳山，山势南高北低，主峰杨家窑位于南部，标高+1652.1 m，北部标高+1500 m 左右。西侧是狭长条带状山，自南向北为猪头岭、六道梁和面子山，其最高点分别为+1436.5 m、+1435.4 m 和+1451.9 m。

2.4.2　煤层特征

清水营井田煤层分布面积 48.52 km²，可采面积 48.52 km²，面积可采概率 100%，全区可采。主采煤层为延安组 2# 煤，是含煤地层最顶部的可采煤层，也是井田内最主要可采煤层。煤层顶板为直罗组底部厚层粗粒砂岩（七里镇砂岩），个别为薄层细粒砂岩或粉砂岩。煤层埋深 245.01~304.86 m，平均 276.50 m。煤层厚度 1.37~8.10 m，平均 4.13 m，可采厚度 1.37~8.10 m，平均厚度 4.13 m，属中–厚煤层。煤层厚度变化总体呈现为：自西向东、自北向南逐渐变薄。最厚点位于 1303 号钻孔，最薄点位于东部的 1306 号钻孔。含夹矸 0~1 层，厚度为 0.09~0.64 m。夹矸岩性以泥岩、炭质泥岩为主，多位于煤层的中下部，层位较为稳定，结构简单。

梅花井井田内延安组含煤地层平均总厚 299.21 m，含煤地层为侏罗系中统延安组（J2y）。煤层埋深最小 267.77 m，最大 329.93 m，平均埋深 299.21 m，厚度由北向南逐渐增厚。共含煤层 22 层，其中可采煤层 17 层，平均总厚 28.19 m。2# 煤组为主要可采煤层，在区内全部可采，分布面积 19.84 km²。煤层厚度 4.23~6.40 m，平均 5.28 m。可采厚度 4.23~6.00 m，平均 5.00 m，属厚煤层，局部含夹矸 1 层，煤层结构简单，对比可靠，属稳定煤层。

灵新井田主要煤系地层为中侏罗统延安组（J1–2y）。煤系地层埋深为 339.73~391.84 m，平均埋深 355.61 m。共含煤 37 层，煤层总厚度平均 27.79 m，含煤系数为 7.8%。可采或局部可采煤层 17 层，总厚为 21.65 m。含煤地层岩性以砂岩为主，泥岩次之，与下伏三叠系地层呈假整合接触。2# 煤是本井田主采煤层之一，上距 1# 煤层 10~15 m，全区稳定可采，是煤系内最厚的一层煤，煤厚 3.09~12.52 m，平均 7.7 m，北薄南厚，厚度变化较大。8 线以南煤层厚度为 8.5~11 m，一般含一层夹矸石，夹矸厚 0.3~0.4 m，矸石以下煤厚 1 m 左右；8 线以北煤厚 3.6~8.5 m，结构较复杂，一般含有 2~3 层含炭质、粉砂质混岩或泥岩夹矸。在 4~5 线附近，2# 煤被古河床冲刷变薄，含

3~5 层夹矸, 矸石厚度达 0.6 m, 煤质低劣, 顶板疏松。顶板 5 线以北, 因古河床冲刷, 直接顶为中-粗砂岩, 泥质胶结, 遇水易碎, 5~10 线直接顶以砂岩为主, 在西北、东南以细砂岩、粉砂岩为主, 近中部以泥岩为主。

羊场湾井田内主要含煤地层为中侏罗统延安组, 广泛发育, 出露零星, 为一套陆相碎屑岩含煤建造。岩性为灰、灰白色长石石英质各粒级砂岩、灰、灰黑及黑色糖粉砂岩、泥质岩和少量黏土质岩石, 局部夹不稳定钙质粉砂岩或泥质灰岩、炭质泥岩。含煤 30 余层, 其中编号煤层 18 层, 可采及局部可采者 17 层井田内本组地层, 厚度最小 250.50 m, 最大 351.82 m, 厚度变化不大, 一般 280~290 m, 平均厚 287.84 m。区内含煤地层为侏罗系中统延安组 (J2y), 揭露煤层埋深最小 250.50 m, 最大 395.58 m, 平均 305.25 m。含煤地层厚度由北向南、由东向西逐渐增厚。含煤地层延安组由顶至底均有煤层赋存, 共含煤 20~39 层, 平均总厚度为 30.05 m, 含煤系数 9.88%, 其中具有编号的煤层 20 层, 自上而下为: 一、二、二下、三、四、五、六、七、八、八下、九、十、十一、十二、十三、十四、十四下、十五、十六、十七煤。可采煤层平均总厚 27.23 m, 可采含煤系数 8.9%。井田内可采煤层 17 层, 其中稳定和全区可采煤层 3 层, 分别为二、十四、十五煤; 大部可采煤层 4 层, 即为一、二、九、十二煤; 局部可采煤层 10 层, 则为三、五、六、七、八、十、十一、十三、十六、十七煤。

丁家梁井田内含煤地层主要为石炭-二叠系太原组 (C2P1t) 和二叠系下统山西组 (P1s), 煤层埋深 153.5 m。含煤地层总厚度为 219.38 m, 煤层总厚 17.98 m, 含煤 8~14 层, 含煤系数 8.2%; 其中编号煤层 12 层, 达到全井田可采的有山西组一、三、五煤, 太原组八、九煤, 可采煤层总厚 15.4 m，可采含煤系数 7%，井田内地层属于近海型的海陆交互相含煤地层。岩性组合上由灰白色砂岩，灰、灰黑色泥质岩，深灰色灰岩，煤及少量黏土岩，沥青质泥岩组成，细碎屑岩在上部地层中占比例大，下部则以粗碎屑岩为主，可划分为五个中小型旋回，上部四个旋回中各有煤 1~3 层，共含煤 5~7 层，编号为七、八、九、十、十一、十二层煤，其中八煤、九煤为全井田可采煤层，七、十、十一、十二煤为全井田不可采煤层，可采煤层总厚 7.8 m，可采含煤系数 5.1%，底部以巨厚层中粗粒砂岩与土坡组分界，顶部以石灰岩或海相泥岩与山西组分界。

英子梁井田含煤地层为侏罗系中统延安组（J2y），延安组含煤地层系陆相含煤建造，其岩性组合为碎屑岩、泥岩和煤及炭质泥岩组成，细碎屑岩是该组的主要组成部分。井田内可采煤层 12 层，2 煤位于延安组四中旋回的中上部，是含煤地层最上部的可采煤层。煤层厚度 4.75~9.28 m，平均 7.75 m；局部煤层变薄，可采厚度 4~5 m。含夹矸 0~3 层，厚度为 0.12~0.54 m。夹矸岩性以炭质泥岩、粉砂岩为主，位于煤层中部，层位稳定，煤层顶板多以炭质泥岩和泥岩为主，次为粉砂岩。底板岩性以粉砂岩和泥岩为主，次为细粒砂岩。2 煤为厚煤层，厚度有一定的变化且规律明显，厚度和沉积层位稳定，煤类为不粘煤，结构简单，特征明显，全区可采煤层。

第3章 地下水与植被生态关系

宁东能源化工基地位于我国西北干旱半干旱地区，地表水资源缺乏，生态环境脆弱，地下水作为重要的水源，兼备生态维持和资源供给两大重要功能。处理好地下水资源开发与生态环境保护之间的关系是实现宁东能源化工基地可持续发展的根本。因此，本次研究在区内植被现状调查的基础上，了解影响植被生态的主要因素，分析地下水与植被生态的关系，探讨地下水水位埋深对植被生态的影响以及植被生态阈值，为合理开发利用地下水资源与生态环境保护提供科学依据。

3.1 植被生态现状

植被的生长与气候、地形、土壤、地下水等自然条件和人为活动密切相关，因而其分布具有明显的地域性。研究区大部分地区，在区系上属于欧亚草原区，亚洲中部亚区，中国中部草原区的过渡地带。根据遥感解译调查结果显示，区内以草地面积最大，为 76.05 km²，占研究区总面积的 18.73%，主要分布在整个宁东煤炭基地从南到北大面积分布；其次为林地，为 10.4 km²，占研究区总面积的 2.56%；耕地面积仅为 0.71 km²，占总面积的 0.60%。区域生物量低、植被低矮、稀少，恢复困难，草地以荒漠草原和草原带沙生植被为主（图 3.1），没有天然森林，多年野生草本植物广泛分布，间有半灌木、灌木。

图 3.1　研究区植被生态现状

3.1.1　荒漠草原植被

主要分布在南部黄土高原丘陵区、盐池县南部和同心县北部地区。土壤以黑垆土和侵蚀黑垆土为主，局部地区为灰钙土。阴坡较湿，旱生植物多，植被覆盖度为 60% 左右；阳坡干燥，植被覆盖度 40% 左右。其中以低丛生禾草组长芒草草原分布最广，面积最大，为干草原植被的主体。

3.1.2　沙生植被

沙生植物主要分布在柳毛子–石沟驿沙地、磁窑堡–白芨滩沙地一带湿润的沙丘、丘间洼地及平铺沙地上，土壤以风沙土、灰钙土为主。植物以黑沙蒿、苦豆子、甘草、中亚白草为主。有苦豆子群系、牛心朴子群系、黑沙蒿群系和白沙蒿群系。苦豆子群系主要分布于北部、中部半固定沙丘、起伏沙地、风化砂岩地带，覆盖度可达 80%；牛心朴子群系主要分布于中部微起伏地上，多因放牧过度草场退化而形成；黑沙蒿群系主要分布于中部、北部半固定沙地上，群系中多见的为沙生草原植物种；白沙蒿群系多见于北部、西北部流动沙丘地带，群落覆盖度在 20%~40% 之间。

3.2　土地利用现状

　　研究区所处磁窑堡大多属于矿区范围，主要包括羊场湾煤矿、梅花井煤矿、清水营煤矿、灵新煤矿、丁家梁煤矿、英子梁煤矿等 6 个大中型煤矿。研究区内土地利用类型较全，根据研究区 2015 年遥感解译结果（图 3.2），区内包括了耕地、林地、草地、城乡工矿与居民用地以及未利用土地等 6 个一级分类。

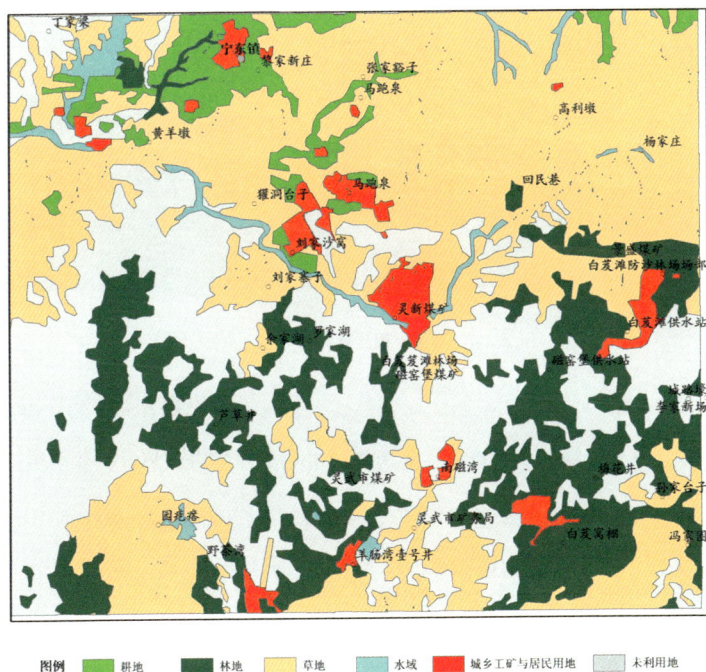

图例　■ 耕地　■ 林地　■ 草地　■ 水域　■ 城乡工矿与居民用地　■ 未利用地

图 3.2　研究区土地利用类型解译图（来源：作者解译）

基于宁夏回族自治区水文环境地质勘察院遥感解译报告，"水林田湖草"的生态土地利用解译结果显示（图3.3），区内主要为草地，其次为林地。

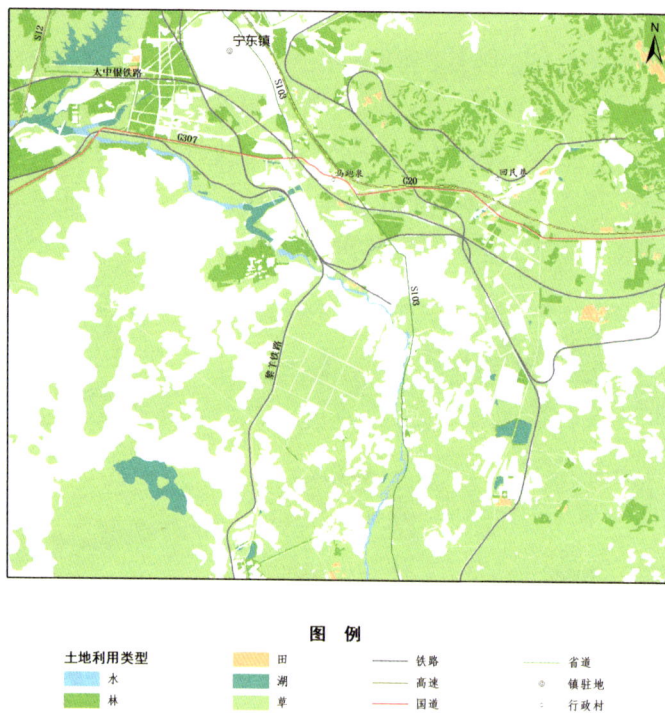

图 3.3 磁窑堡幅"水林田湖草"土地利用类型分布图（来源：作者解译）

由图3.3可知，草地主要位于沙地内及矿区周边，林地则主要分布在山上、宁东镇及其周边。水面为大河子沟流域，湖泊则分布于矿区周边。"水林田湖草"占地面积总计 267.905 km²，其中水面占地 2.247 km²，林地占地 35.702 km²，水浇地占地 1.686 km²，湖泊占地 6.014 km²，草地占地 222.256 km²（表 3.1）。

表 3.1　研究区"水林田湖草"占地面积统计表

一级分类	二级编码	一级面积(km^2)	二级面积(km^2)
水	河流水面	2.247	2.227
	内陆滩涂		0.02
林	有林地	35.702	34.817
	果园		0.885
田	水浇地	1.686	1.686
湖	湖泊水面		0.006
	水库水面	6.014	2.241
	坑塘水面		3.767
草	人工(牧)草地	222.256	4.007
	其他草地		218.249
合计		267.905	

3.3　研究方法

3.3.1　基本理论

开展地下水与植被生态功能的研究，首要是识别地下水与植被生态的关系，进而确定植被生态系统对地下水的依赖程度。依据生态系统对地下水的依赖程度，一般把地下水生态系统划分为以下 4 类：(1) 完全依赖地下水的生态系统：超过临界值后地下水变量的轻微变化会导致生态系统完全消失。(2) 高度依赖地下水的生态系统：地下水变量的中等变化会引起生态系统的分布，组成与健康的很大变化。这些生态系统利用地下水、土壤水和地表水，但地下水的消失将导致生态系统发生重大的改变。(3) 线性依赖地下水的生态系统：生态系统对地下水的响应不是突变的，而是呈线性比例关系。比如依赖于地下水溢出量的生态系统，如果地下水排泄漏减少一半，生态系统可能相应地成比例收缩。(4) 有限依赖地下水的生态系统：这些生态系统能忍耐短时期地下水的缺失，但在干旱期或枯水期末及时地利用地下水对其长期生存起极其重要的作用。

目前，国内外在两个尺度上开展该项研究，一是区域尺度，二是场地尺度。区域尺度上，定量遥感获取植被信息结合区域地下水水位埋深数据进行统计分析是常用的、重要的技术方法。如利用 NDVI、植被覆盖度的空间信息与地下水水位埋深网格化数据建立统计关系，分析得出依赖地下水植被的分区。

由于研究区降雨稀少，蒸发强烈，通过开展植被指数与地下水水位埋深关系研究，建立植被指数与地下水水位埋深之间的散点图、直方图，即可确定适合植被生长的埋深水位。一般当地下水水位埋深较浅时，土壤含水量较大，植被根系的水分较充分。当地下水水位埋深较深时，植被根系的水分较少。但如果地下水水位埋深过浅，表层土壤会产生盐渍化，不利于植被生长。

归一化差值植被指数（Normalized Difference Vegetation Index，NDVI）是目前广泛应用于监测植被生长变化的因子，对植被的生长非常敏感，可以表示植被的动态变化。并且可以用于分析季节性植被变化与年际间植被变化。

$$NDVI= (NIR-Red) / (NIR + Red) \tag{1}$$

式中：NIR—近红外波段的反射率；

　　　　Red—红光波段的反射率。

因此，NDVI 的取值范围为 -1.0~1.0。NDVI 值大于 0 时，越接近 1 表示植被长势越好，植被覆盖度越高。NDVI 值等于 0 或者有略微浮动时，基本无植被生长。NDVI 小于 0 时，代表该处为水体。

研究区属于北温带干旱、半干旱气候区，年降水量 169~425 mm，多集中在 7~9 月份，每年 7、8、9 三个月是植被的生长季节，其他时间植被发育很少。因此本次研究选取 2000—2019 年每年 7、8、9 三个月的归一化植被指数值并计算平均值，反映每年的植被生长状况，分析区域内植被指数时间、空间变化特征。

3.3.2　数据处理

1. 植被数据

植被数据采用 2000—2019 年的 MOD13Q1 数据产品，数据来源于地理空间数据云官网和美国航空航天局（NASA）。

MODIS 数据即中分辨率成像光谱仪（moderate-resolution imaging spectroradiometer），是 EOS 系列卫星上最主要的仪器，并且该数据是唯一由 NASA 提供免费广播服务的一种数据。它分布在 36 个光谱波段，覆盖从可见光到红外波段。

MODIS 产品有 44 种，可以分为大气、陆地、冰雪、海洋四个专题数据产品。本次研究选取陆地数据产品 MOD13Q1，它是采用 Sinusoidal 投影方式的 3 级网格数据产品，具有 250 m 的空间分辨率以及 16 天的时间分辨率。数据产品一共有 NDVI、EVI、VI-Quality、red-reflectance12、NIR-reflectance 等 12 个波段，其中，MODIS 归一化植被指数（NDVI）是对 AVHRR（NOAA 数据产品）的补充，提供了更高分辨率持续性的时间序列影像数据，并且可用于监测全球的植被状况和土地覆盖变化。

本次研究选用 2000—2019 年植被生长旺盛的 7~9 月份 MOD13Q1 数据产品共 120 幅影像，具有 250 m 的空间分辨率以及 16 天的时间分辨率，运用 ENVI、ArcGIS 等软件对影像进行投影转换、几何校正、裁剪等处理，最后输出 NDVI 数值并计算出每幅影像的平均值。

2. 地下水埋深数据

地下水位埋深数据来自于宁夏回族自治区水文环境地质勘察院2019

年水位统测数据，共有丰水期和枯水期两期数据。研究区内有 42 个地下水监测孔，根据给出的埋深数据和地面高程以及对应的坐标，运用MAPGIS 对获得数据进行投影坐标转换、插值（kriging）处理，最终得到与 MODIS NDVI 分辨率一致的地下水水位埋深网格数据。

3.4 植被指数的时空分布特征

3.4.1 植被指数的年际变化

基于研究区 2000—2019 年的 MODIS 遥感影像数据，计算每年 7~9 月份的 NDVI 值，并求取平均值，作为一年植被生长的衡量尺度。图 3.4 为 2000—2019 年 NDVI 的年际变化趋势图。

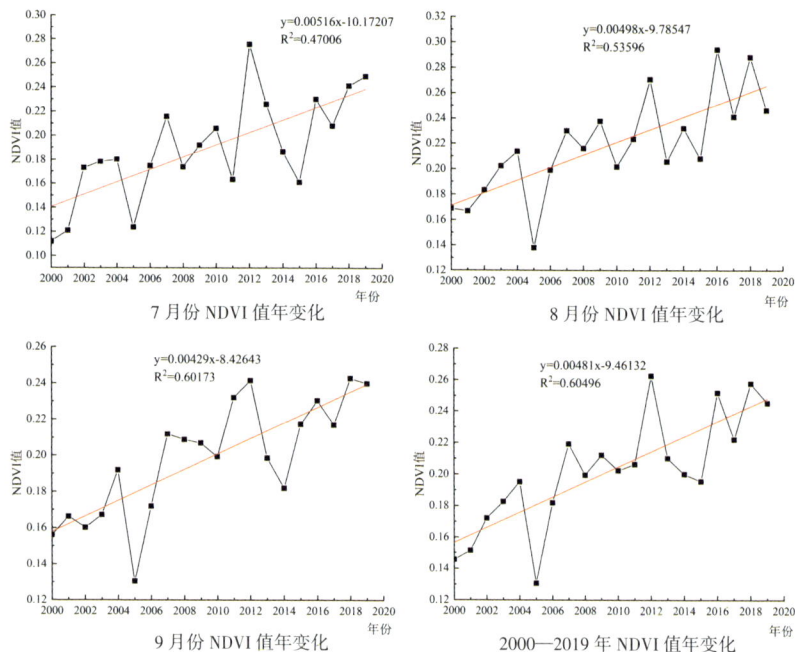

7 月份 NDVI 值年变化

8 月份 NDVI 值年变化

9 月份 NDVI 值年变化

2000—2019 年 NDVI 值年变化

图 3.4 研究区 2000—2019 年 NDVI 变化趋势图（来源：作者自绘）

由图 3.4 可知，研究区植被指数偏低，受人类活动和气候影响，NDVI 平均值年际变化整体呈现波浪状上升趋势。其大致可以分为三个上升阶段：2000—2004 年为第一上升阶段，该段时间内植被指数每年都在稳步增长；2005—2012 年为第二上升阶段，该段时间内植被指数整体涨幅较大，但中间略有波动；2013—2019 年为第三上升阶段，该段时间内植被指数呈波浪式起伏上升。最大 NDVI 值出现在 2012 年，达到 0.27，最小 NDVI 值出现在 2005 年，为 0.13。2000—2019 年内 7、8、9 月份植被指数差异不大，但 8 月份 NDVI 值相对较大，表明 8 月份植被生长最旺盛，温度和降水都达到了植物生长的最佳条件。

趋势线分析法可以模拟每个像元的变化趋势，采用最小二乘法拟合 NDVI 随时间的变化速率，即 NDVI 随时间 n 变化的线性回归系数，用 $\theta slope$ 表示。

$$\theta slope \frac{n \times \sum_{1}^{n} i \times NDVI_i - \sum_{1}^{n} i \sum_{1}^{n} NDVI_i}{n \times \sum_{1}^{n} i^2 - (\sum_{1}^{n} i)^2} \quad (2)$$

式中：变量 n 为年序号，取值范围为 1–20，为研究的时间序列长度 20；$NDVI_i$ 为第 i 年的年均 NDVI 或季节平均 NDVI，如果 $\theta slope > 0$，说明 NDVI 变化趋势是增加，反之则减少。

根据公式（2）计算出 2000—2019 年 20 年的 $\theta slope$ 值为 0.014，可见这 20 年里研究区的 NDVI 变化趋势呈显著增加，说明生态环境在逐渐变好。

3.4.2 植被指数的年内变化

基于研究区 2019 年 1~12 月植被指数平均值，进一步分析研究区年内植被覆盖趋势，如图 3.5。

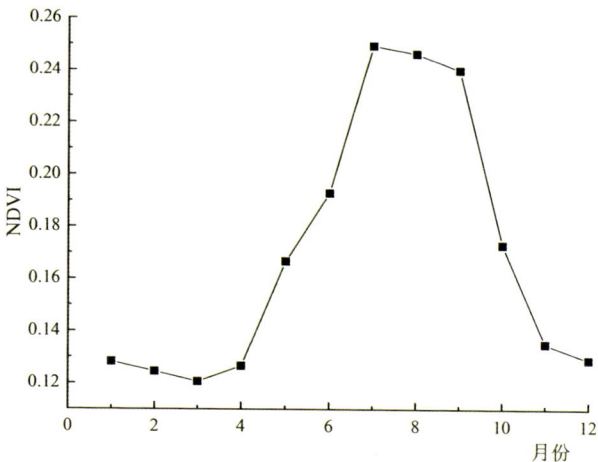

图 3.5　研究区 2019 年 NDVI 变化趋势图（来源：作者自绘）

从图 3.5 可知，研究区年内植被生长规律接近正态分布。其中 1–4 月 NDVI 值最低，且变化比较平缓，NDVI 值在 0.12 左右浮动。从 5 月份开始，植被进入快速生长阶段，NDVI 值极速增大。7~9 月，ND-VI 值达到 0.24 左右，是植被生长最旺盛的时期。9 月份之后，植被生长缓慢，NDVI 值急速下降，到达 10 月份时植被几乎停止生长，之后进入枯草期。这是因为在第一季度，植物刚历经冬天，温度低，降水稀少，植物生长属于停滞状态。4 月份之后，气温开始回升，进入 7、8、9，温度和降水达到一年最高，植物生长最快。10 月份之后，由于降水量、温度都开始下降以及受周围环境的影响，植物停止生长。

3.4.3　植被指数的空间分布

根据宁夏回族自治区水文环境地质勘察院遥感解译报告，利用 2017 年 9 月份的 TM 影像数据提取的归一化植被指数（NDVI）可反映出研究区的植被状况。

　　报告中将植被指数的变化划分五大区域：（1）无植被区，植被指数 NDVI<0，包括城市、水域、裸土及沙漠等地区；（2）植被覆盖不发育区，植被指数 NDVI 在 0~0.15 之间变化，主要为城区及工矿区外围；（3）植被覆盖一般区，NDVI 在 0.15~0.22 之间变化，主要为生长稀疏的农田及草地；（4）植被发育良好区，NDVI 在 0.22~0.4 之间，主要为生长良好的农田、草地及稀疏灌木林地；（5）植被发育很好区，NDVI>0.4，主要为林地及果园等植被茂盛区。磁窑堡幅植被发育情况解译结果见图 3.6，其植被发育分区面积统计情况见表 3.2。

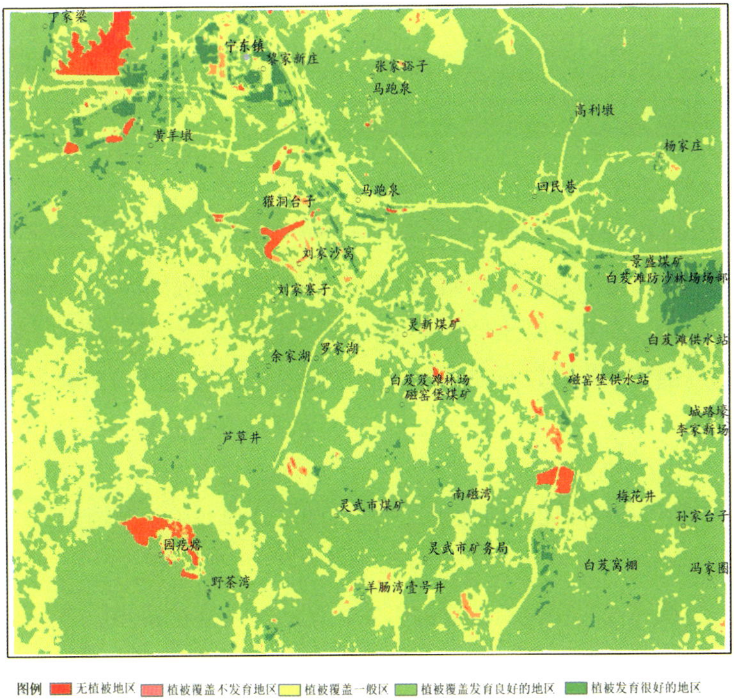

图例 ■无植被地区 ■植被覆盖不发育地区 ■植被覆盖一般区 ■植被覆盖发育良好的地区 ■植被发育很好的地区

图 3.6　磁窑堡幅植被发育情况解译示意图（来源：作者解译）

表 3.2　磁窑堡幅植被发育分区面积统计

分区描述	NDVI 指数	面积	比重%
无植被区	<0	2.059	0.507
植被覆盖不发育区	0~0.15	2.393	0.589
植被覆盖一般区	0.15~0.22	134.303	33.036
植被发育良好区	0.22~0.4	260.294	64.027
植被发育很好区	>0.4	7.488	1.842

由图表可以看出，磁窑堡图幅范围内植被整体发育较好，大部分地区为植被覆盖良好区和一般区。无植被区和不发育区面积仅占图幅面积的 1.096%，主要为水域分布区。植被覆盖最好的区域分布较分散，仅占图幅面积的 1.842%。

3.5　气象要素对植被生态的影响

研究区位于北温带干旱、半干旱气候区。气候特点风大沙多、降雨稀少、蒸发量大。根据研究区附近惠农、银川、陶乐、盐池气象站 2000—2019 年气象资料，结合中国气象数据网下载统计、NDVI 同期气温资料、对全年降水量增加贡献率最大、蒸发量也最多的 7、8、9 三个月的降水资料以及现有的蒸发量数据（2000—2012 年），统计得出夏季研究区年降水量在 60~206 mm，年平均降水量 121 mm。年蒸发量在 345~730 mm，年平均蒸发量 447.36 mm，多年平均气温在 21℃左右。基于上述资料进一步探讨了气象要素对植被生态的影响。

3.5.1　气温

为探究气温变化对植被的影响，建立气温与植被指数之间的关系，绘制研究区 2000—2019 年气温年际变化图（图 3.7）和气温与 NDVI 的关系图（图 3.8）。

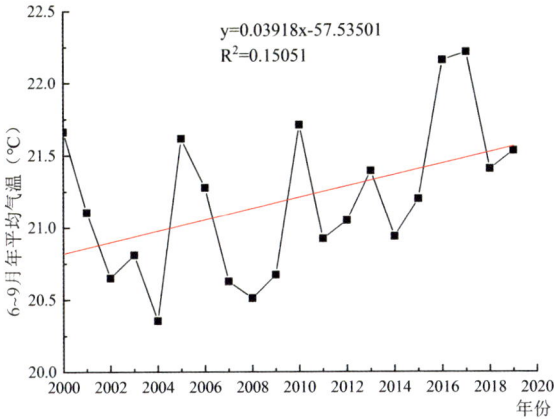

$y=0.03918x-57.53501$
$R^2=0.15051$

图 3.7　2000—2019 年气温年变化

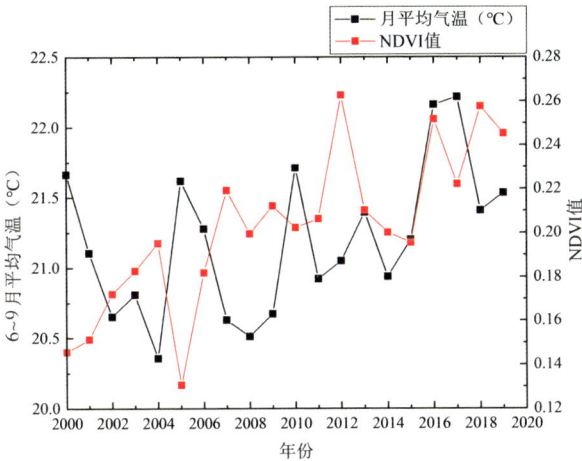

图 3.8　气温与 NDVI 的关系

由图 3.7 和图 3.8 可以看出，研究区近 20 年平均温度呈波浪式上升趋势，最高温度发生在 2017 年（22.22℃），最低温度发生在 2004年（20.36℃）。近 20 年来气温在持续升高，这与全球气候变暖有关。2014 年至 2017 年是年平均气温上升幅度最大时期。植被指数与气温变化趋势较为一致，但略有滞后。由于温度的波动范围（20~22℃）较小，因此，植被指数的差异仅为 0.13 左右。其最大值出现在 2012 年，为 0.26。最小值出现在 2005 年，为 0.13。

3.5.2 降水量

为探究降水量变化对植被的影响，建立降水量与植被指数之间的关系，分别绘制研究区 2000—2019 年降水量年际变化图（图 3.9）和降水量与 NDVI 的关系图（图 3.10）。

由图 3.9 和图 3.10 可以看出，研究区近 20 年降水量波动较大，但整体趋势较为平缓，呈略微上升趋势。最大降水量发生在 2018 年（205.21 mm），最小降水量发生在 2005 年（61.67 mm）。植被指数与降水量的变化趋势大致相同，植被指数最大出现在 2012 年，当年降水量为 51.53 mm，植被指数最小出现在 2005 年，而当年降水量也最小，为 20.56 mm，由此可见降水对植被的影响较大，明显降水多时植被生长较好，降水少时植被状况差。

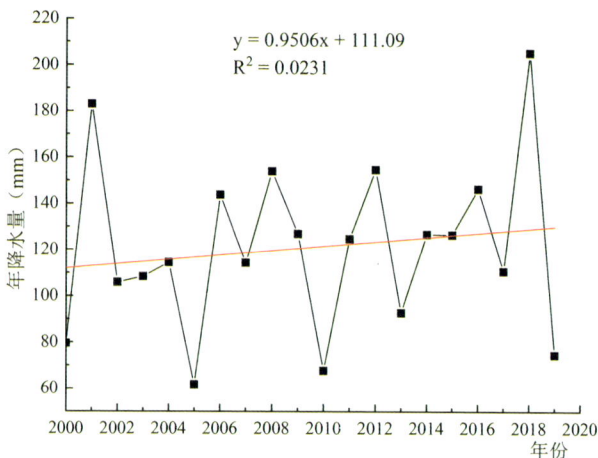

图 3.9　2000—2019 年降水量年变化

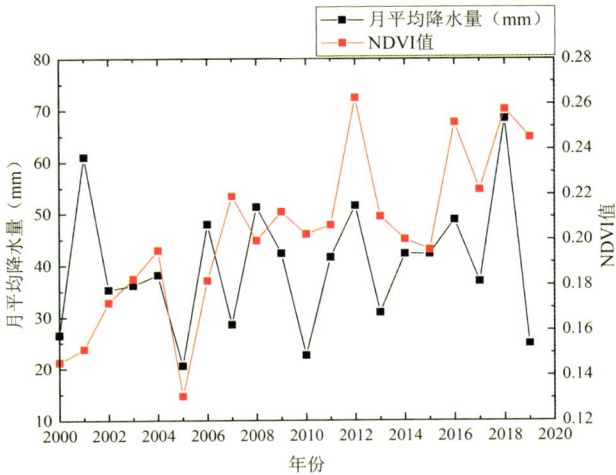

图 3.10　降水量与 NDVI 的关系

3.5.3　蒸发量

　　为探究蒸发量变化对植被的影响，建立蒸发量与植被指数之间的关系，分别绘制研究区 2000—2012 年蒸发量年际变化图（图 3.11）和蒸发量与 NDVI 的关系图（图 3.12）。

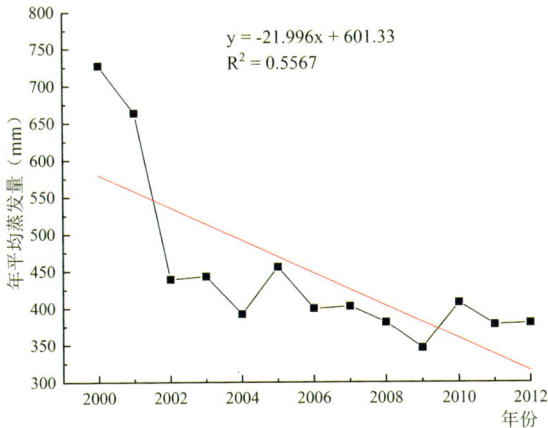

$y = -21.996x + 601.33$
$R^2 = 0.5567$

图 3.11　2000—2012 年蒸发量年变化

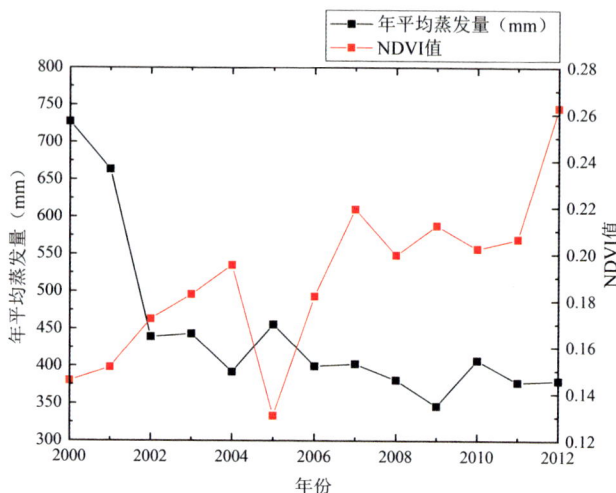

图 3.12　蒸发量与 NDVI 的关系

由图 3.11 和图 3.12 可以看出，2000—2012 年内，研究区蒸发量呈大幅下降趋势，2000 年蒸发量最大为 727.25 mm，之后近些年蒸发量整体在下降，2009 年蒸发量最小为 346.25 mm。而植被指数与蒸发量的变化趋势则截然相反，蒸发量大时植被指数小，当蒸发量减小时，植被指数渐渐变大。结合气温、降水量和蒸发量总体来看，研究区气候正在逐渐由冷干向暖湿转变，气候在逐渐变好。

3.5.4　气象要素与 NDVI 的相关性分析

由上述分析可知，NDVI 与各气象要素之间存在着一定的关系，为进一步探究植被与气候因素间的相关关系，将 NDVI 与气温、降水量和蒸发量进行归一化处理，得到多元线性回归方程如下：

$$y=0.005x_1+0.0003x_2-0.0002x_3+0.136 \tag{3}$$

其中：y 代表植被指数，x_1 代表气温，x_2 代表降水量，x_3 代表蒸发量。

　　将气象要素归一化处理后，结合公式（3）则能更明显地看出植被指数与气温和降水量呈正相关关系，而与蒸发量呈负相关关系。其相关程度为气温>降水量>蒸发量，由此可见气象要素对植被的影响程度为气温>降水量>蒸发量。

3.6　植被指数与地下水埋深关系

　　根据现有的埋深和地面高程数据，运用 MAPGIS 对获得数据进行投影坐标转换、插值（Kriging）处理，绘制出研究区 2019 年的潜水等水位线图（图 3.13），结合等水位线图和研究区内地形图绘制出 2019 年地下水位埋深等值线图（图 3.14）。

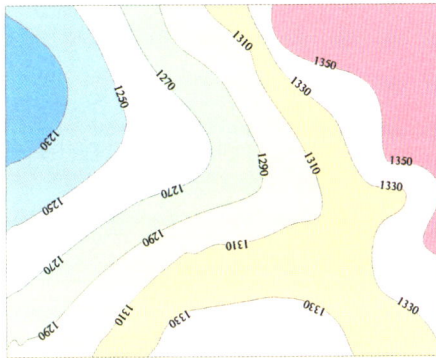

图 3.13　潜水等水位线图　　　　图 3.14　地下水位埋深等值线图

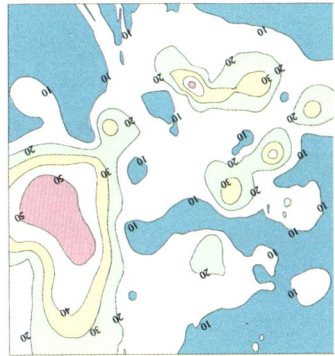

　　从图中可以看出研究区地下水受复杂地形的控制，其水位埋深变化范围较大。区内有低山丘陵、沙地和黄土丘陵三种地貌类型，地形呈东北、西南高，西北偏低。受地形影响，地下水整体流向由东南向西北方向汇集。全区地下水埋深在 0.5~60 m 之间，局部地区大于 60 m。

　　在 Sufer 中对地下水埋深值进行插值后，最终得到与 MODIS NDVI

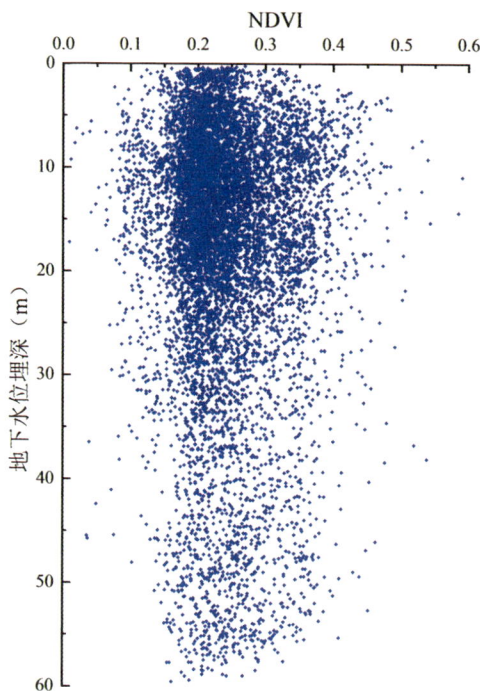

图 3.15　2019 年 NDVI 与地下水埋深关系散点图
（来源：作者自绘）

分辨率一致的地下水埋深网格数据。将数据提取并与对应的 2019 年植被指数（NDVI）建立散点图，则可建立 NDVI 与地下水埋深之间的关系（图 3.15）。

由图 3.15 可知，2019 年研究区植被指数数据主要集中分布在 NDVI<0.3、DWT<20 m 的区间内，表明水位埋深在 0~20 m 范围内，有利于自然植被生长。大多数像元植被均生长在该阶段地下水埋深范围内，植被指数最高可达到 0.49，并且密集分布在 0.15~0.3 m 范围内，即在此埋深区间内植被生长状况最好，植被覆盖度最高。当地下水位埋深>25 m，植被指数减小，数据分布稀疏，植被覆盖度下降。水位埋深>40 m 时，此时植被由于地下水埋深过大导致根系缺水，不能维持其正常生长而死亡，植被与地下水埋深不再相关。

NDVI 值可反映出植被的发育状态。其值等于 0，可认为基本无植被生长。NDVI 小于 0 时，代表该处为水体。基于散点图数据，进一步统计地下水埋深小于 20 m 以及小于 60 m 对应自然植被指数的像元个数，绘制植被指数与地下水埋深关系直方分布图，并进行了归一化处理，可得到不同埋深区间内植被的分布情况，如图 3.16 所示。

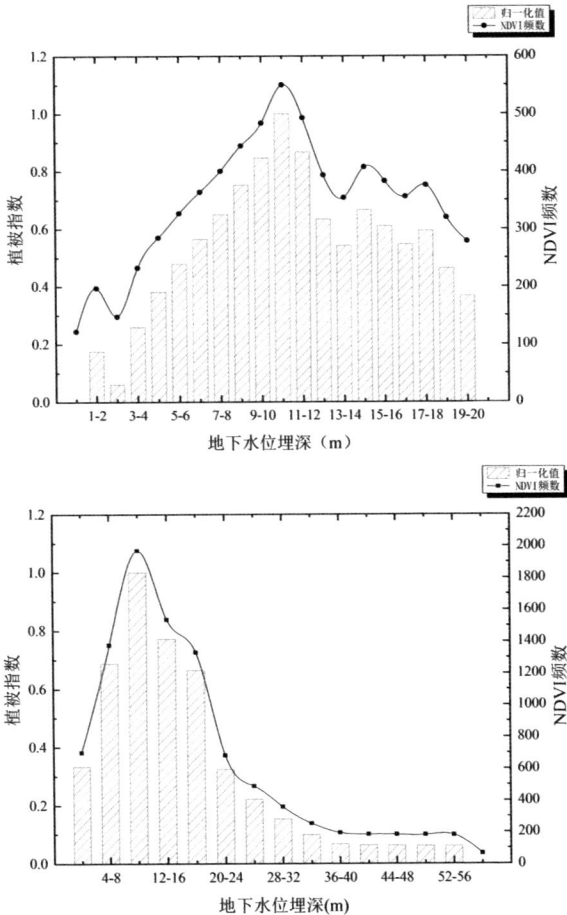

图 3.16 植被与地下水埋深关系分布图 （来源：作者自绘）

从图 3.16 可以看出，2019 年研究区植被指数在地下水位埋深 0~60 m 之间均有分布，大部分集中分布在 4~20 m，在这个区间内的 ND-

VI 样本基本呈正态分布。其中，水位埋深在 2~11 m 时，NDVI 呈指数增长；8~12 m 时，NDVI 数据出现频数最多，植被生长状态最好；12 m 之后，NDVI 开始呈现下降趋势，这与当地的植被类型有关，不同植被生长条件不同，适宜生长的地下水位埋深也有差异。20 m 之后，数据分布下降，说明在此地下水水位埋深条件下能生长的植被减少，而在 60 m 之后基本没有数据分布，即无植被生长，与地下水水位埋深不再相关。

进一步结合研究区植被类型、地貌类型以及地下水位埋深分区可以得出，研究区内植被受地下水影响相对较大的区域主要分布在区内北部的低山丘陵与黄土丘陵区，南部沙地分布较少，占区内面积的 60%~70%，植被以荒漠草原类为主。而不受影响区域位于西南大部的沙地，此区域地下水位埋深大于 20 m，占区内面积的 30% 左右。

从生态水文机理方面来说，植被生长受水分胁迫作用较大。在地下水水位埋深较浅地区，地下水可以通过毛细上升作用源源不断地补充到浅层土壤，从而保持土壤较高的含水量。在水分得到充分保证的前提下，植被可以正常生长。随着地下水水位埋深的增加，湿润的毛细水带下移，植被根系所在土壤层含水率降低，便有可能发生水分胁迫现象。但是，植被根系不可能无限向下生长。当地下水水位埋深超过一定范围时，浅层土壤中水分含量很低，水分胁迫情况加重，植物体内各组织间的水分按照水势重新分配。为降低水分散失，植物减小叶面积、关闭部分气孔，导致光合作用和蒸腾作用减弱，根毛区吸水能力下降，植物体的生长变缓甚至停止，严重时会引起植物死亡。研究区内 NDVI 在地下水水位埋深<8 m 的趋势与常规认识有一定的偏差，可能是由于地下水埋深精度所导致，在后

续研究中需进一步加深认识。

　　通过以上分析可知，本区内植被生长受地下水的直接影响较弱，植被生态主要依靠大气降水与土壤水。其中气候变化以及降雨量的增加是导致 NDVI 逐年增大，植被盖度增加的主要原因。相反，由于植被覆盖度的增加，导致地表蒸发、蒸腾量增大，地下水的补给量减小，因此，植被生态对地下水具有较大的影响。

第4章　基于稳定同位素的植物水分来源分析

　　水作为限制植物生长的关键因子，也是影响干旱半干旱地区陆地生态系统植被分布的最重要因素。由于不同地区、不同类型的植物生长利用的水分不同，因此查明植物吸收水分的来源有助于预测水源发生改变下的植被时空分布变化。传统的水文学方法因其需时长、对植物生境损毁较大、水分来源难以量化，在研究植物吸收利用水分过程中的水分来源和水分利用格局方面受到了限制。随着同位素分析技术的发展，氢氧稳定同位素成为一种定量研究植物水分来源的新手段。本次研究通过查明煤炭开采区周边植被、土壤以及地下水中稳定同位素 D、^{18}O 含量特征，探讨区内植被水分的主要来源，计算不同潜在水源对植被的贡献度，从而为干旱半干旱区植被生态环境保护提供依据。

4.1 样品的采集与测试

4.1.1 采样点的布设

　　在磁窑堡图幅内矿区周边分别沿垂直地下水流向方向设置三条剖面，每条剖面布设采样点同时进行植被、土壤与地下水样品的采集与测试。其中土壤与植被取样点的设置根据植被类型结合观测井位选取，植被种群中心至少布设 1 个取样点，植被分带交界处至少布设 1 个取样点。取样位置以及样点的布设如下图 4.1 所示。

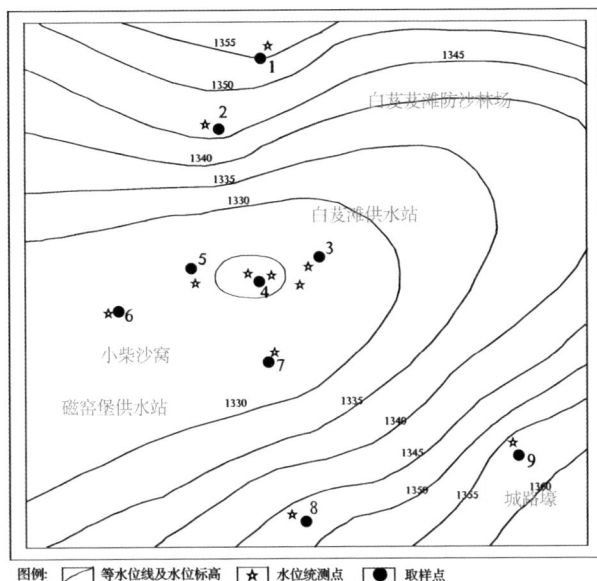

图例：□ 等水位线及水位标高　★ 水位统测点　● 取样点

图 4.1　采样点位置示意图（来源：作者自绘）

4.1.2　样品采集

本次样品采集时间为 2020 年 4 月下旬，植物开始生长，需水量较大。根据所设置取样位置，每个点位同时进行了地下水、土壤以及植被样品的采集与测试。

1. 地下水

地下水取自样点周边观测井。采用 500 ml 聚乙烯塑料瓶，原样水清洗三次。取样后排空瓶内气泡，密封保存。同时记录地理坐标与取样深度。

2. 土壤

土壤样品每个点位共取三层：第一层采集 5~20 cm 根系较为集中的土层，第二层选择 50~70 cm 深度，第三层取 100~120 cm 深度。每层土样分别采集 2 组，每组 1 kg。采用密封袋密封，避免蒸发。采集时避免采集暴露在空气中的表层土壤，记录地理坐标与取样深度。

3. 植被

区内乔木和灌木选择非绿色的枝条（3~5 支），如有明前韧皮部分，应将韧皮部（即树皮）迅速剥离。草本选择根茎结合处的非绿色部分。乔木、灌木以及草本需同时采集植被的阳生叶片（避免衰老叶片）。取样完毕后需立即密封，尽量冰冻保存。同时记录植被类型。

4.1.3 水分提取与样品分析

土壤样品和植物内部水分的提取采用全自动真空冷凝抽提系统，由中国科学院地球环境研究所完成。利用液态水同位素分析仪（LWIA-V2（LDT-100），LGR）对抽提的植物水、土壤水、地下水进行稳定氢氧稳定同位素比率的测定。测试精度 $\delta^{18}O<0.03‰$，$\delta D<0.2‰$。

所测水样中氢氧同位素含量为"标准平均大洋水（SMOW）"的千分差，如下式：

$$\delta(‰) = \frac{R_{sample}-R_{standard}}{R_{standard}} \times 1000$$

其中：δ 为对应样品的氢或氧同位素值；R_{sample} 表示样品中 D/H 或 $^{18}O/^{16}O$ 的摩尔比；$R_{standard}$ 表示 SMOW 中的 D/H 或 $^{18}O/^{16}O$ 的摩尔比。

土壤干容重与含水率分析由宁夏回族自治区地质矿产中心实验室完成。

4.1.4 水分来源分析方法

由于采样期间无降雨，植被水分来源构成为土壤与地下水。因此水源分析采用多源线性混合模型，其原理主要是基于同位素质量守恒。当植物存在几个潜在水源时，植物木质部水的 δD、$δ^{18}O$ 同位素组成就是各潜在水源同位素组成 δD、$δ^{18}O$ 的混合值。据此可建立端元同位素线性混合模型，公式如下：

$$\begin{cases} δD = F_1 δD_1 + F_2 δD_2 + F_3 δD_3 \\ δD = F_1 δ^{18}O_1 + F_2 δ^{18}O_2 + F_3 δ^{18}O_3 \\ F_1 + F_2 + F_3 \end{cases}$$

式中：δD、$δ^{18}O$ 为植物木质部水中的稳定氢氧同位素值；$δD_1$、$δD_2$、$δD_3$ 为三个土壤水、地下水中各自的稳定氢同位素值；$δ^{18}O_1$、$δ^{18}O_2$、$δ^{18}O_3$ 为土壤水、地下水中各自的稳定氧同位素值；F_1、F_2、F_3 为对应三种水源在植物茎木质部水分总量所占的比例。

4.2　不同水分稳定同位素特征及其相互关系

根据所测样品数据，绘制不同样点水分 δD 和与 $δ^{18}O$ 的变化曲线图（图 4.2、图 4.3）。

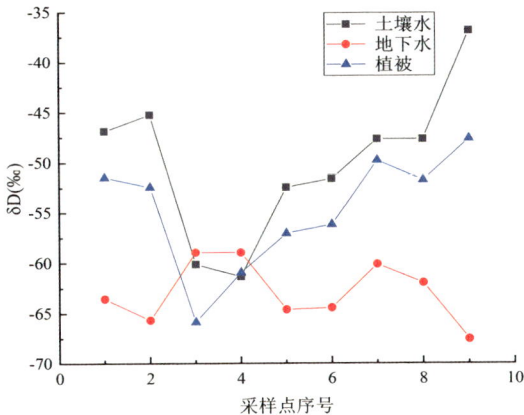

图 4.2　不同水分 δD 变化特征

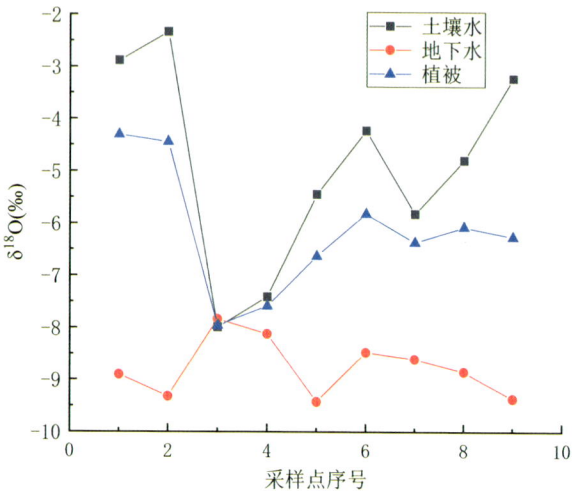

图 4.3　不同水分 $\delta^{18}O$ 变化特征

由图 4.2、图 4.3 可以看出，δD 与 $\delta^{18}O$ 值在植被、土壤与地下水中的特征较为一致，均表现为土壤水 δD 与 $\delta^{18}O$ 值最高，植被水次之，地下水最低。但是，受蒸发、埋深等因素影响，不同样点水分的稳定同位素差异较大。

4.2.1　不同水分稳定同位素特征

1. 土壤水

土壤水是土粒表面靠分子引力从空气中吸附的气态水以及降雨进入并保持在土粒表面的水分。土壤水是植物生长和生存的物质基础，它不仅影响林木、大田作物、蔬菜、果树的产量，还影响陆地表面植物的分布。

由土壤水同位素分析结果（图 4.4 和图 4.5）可知，土壤水 δD 的变化范围在 $-77.05‰\sim-15.47‰$，平均值为 $-50.62‰$。$\delta^{18}O$ 的范围在 $-10.27‰\sim5.09‰$，均值为 $-4.95‰$。

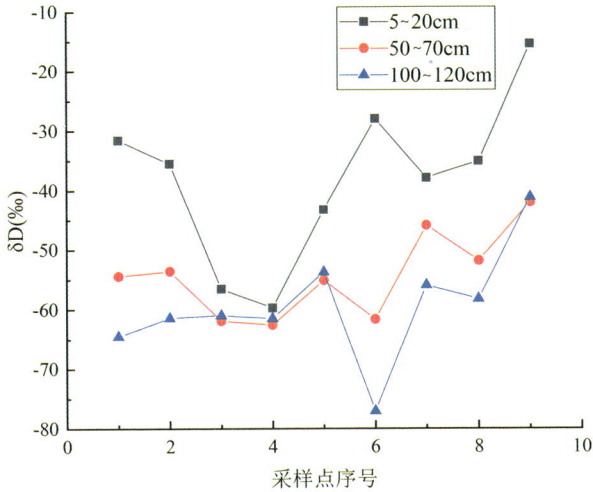

图 4.4　不同土层 δD 的变化特征

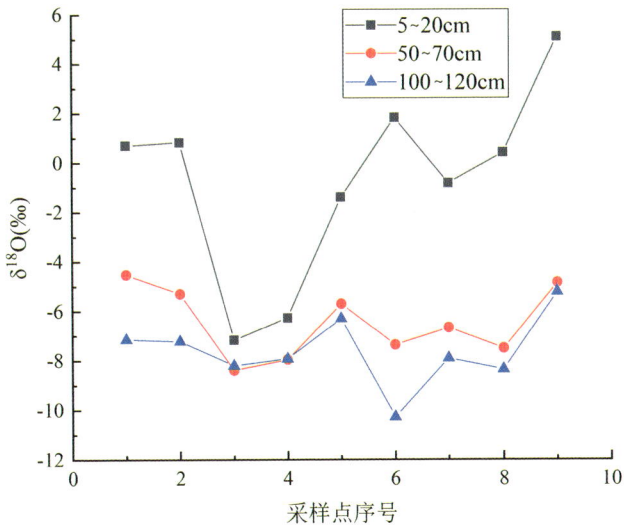

图 4.5　不同土层 δ¹⁸O 的变化特征

与此同时，土壤水中稳定同位素值随着埋深的增加而逐渐减小。土壤深度为 5~20 cm 时 δD 变化范围在 –59.71‰~–15.47‰，δ¹⁸O 变化范围在 –7.17‰~5.09‰；50~70 cm 时 δD 变化范围在 –62.57‰~ –42.04‰，δ¹⁸O 变化范围在 –8.39‰~–4.53‰；100~120 cm 时 δD 变化范围在 –77.05‰~–41.16‰，δ¹⁸O 变化范围在 –10.27‰~–5.22‰。土壤水 δD 与 δ¹⁸O 值变化都与其深度呈指数关系，表明土壤剖面在上界面受蒸发作用而存在强烈的同位素分馏。埋深越大，蒸发作用越弱，而下界面则接受地下水的补给，同位素值越低。

2. 地下水

由地下水同位素分析结果可知，地下水 δD 和 δ¹⁸O 值普遍低于土壤水与植被水。其变化范围分别为 –67.54‰~–58.94‰和 –9.42‰~ –7.84‰，平均值为 –62.87‰和 –8.77‰。

3. 植被水

由植被水同位素分析结果可知，植被水 δD 和 δ¹⁸O 含量介于地下水与土壤水之间，变化范围分别为 –49.01‰~13.57‰和 –1.99‰~ 16.84‰，平均值为 –18.25‰和 7.02‰。

4.2.2　不同水分的相互关系

1. 大气降水线

大气降水是自然界水循环过程中的一个重要环节，查明大气降水中同位素分布特征及其影响因素，不仅有助于定性或定量地研究地下水的起源和形成等问题，更有助于揭示不同水源的转化关系。大气降水是连续的瑞利蒸馏过程，由于氢，氧同位素的平衡分馏作用，降水中的 δ¹⁸O 和 δD 之间存在着一种线性关系。由于气象条件、地理位置不同，从水汽源地至降雨形成的过程中影响同位素发生分馏的因素存在差异，因此各地的大气降水线具有不同的斜率和截距。斜率反映两类稳定同位素 D 和 ^{18}O 分馏速率的对比关系，而常数项指示氘对平衡状态的偏离程度。

1961 年 Craig 基于全球降雨同位素资料的统计，首先建立了全球雨水线方程（Global Meteoric Water Line，简称 GMWL）：

$$\delta D=8\delta^{18}O+10 \tag{1}$$

1983 年郑淑惠等人根据北京、南京、广州、武汉、乌鲁木齐、拉萨、西安等地降水中氢氧稳定同位素组成，初步总结得到我国降水的 δD-$\delta^{18}O$ 雨水线公式：

$$\delta D=7.95\delta^{18}O+8.27 \tag{2}$$

本项目依据前人研究资料，得到宁夏地区大气降水线方程

$$\delta D=7.22\delta^{18}O+5.50 \tag{3}$$

将宁夏地区大气降水线方程与全球雨水线以及中国雨水线进行对比可以看出，研究区雨水线方程斜率和截距均小于后两者，反映出研究区降水受到强烈的蒸发作用，因此导致同位素分馏使得斜率和截距较小。

2. 不同水源相互关系

根据植被水、土壤水与地下水的同位素实测数据，绘制研究区不同水分的 δD-$\delta^{18}O$ 关系图，如图 4.6 所示。

由图 4.6 可以看出，植被水、土壤水与地下水样点均位于当地雨水线下方，表明受到了不同程度的蒸发作用影响。根据土壤水同位素值计算出的土壤水线与植被水同位素计算出的植被水线斜率和截距相近，均位于当地大气雨水线与潜水蒸发线的下方，说明地下水受到的蒸发分馏小于土壤与植被水。不同水源的斜率表明其所受蒸发强度顺序为：土壤水>植被水>地下水。植物茎干水的 δD 和 $\delta^{18}O$ 大部分落在土壤水与地下水同位素值之间，表明该植物受到地下水与土壤水的共同作用，而不同土层深度的土壤水吸收利用比例更高。

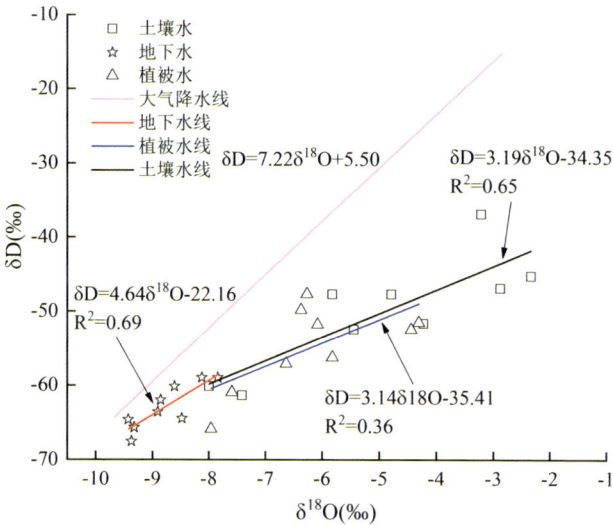

图 4.6　土壤水、地下水和植被水 δD–δ¹⁸O 关系图（来源：作者自绘）

4.3　植物水分来源分析

植被中氢和氧的主要来源是水，而其所能利用的水分主要来自于大气降水、土壤水、径流（包括融雪）和地下水。稳定同位素（D 和 ¹⁸O）为水分子的组成部分，植物各潜在水源的稳定氢氧同位素组成存在差异，且除部分盐生植物外，植物根系吸收的水分，通过茎木质部运输到未栓化的幼嫩枝条或叶片前一般不会发生同位素分馏。因此，通过分析对比植物体内水分与各种潜在水源的同位素差异，结合多元线性模型，就可以确定植物水分对不同水源利用的选择性。

4.3.1　土壤含水率与 δD 关系

除个别泌盐与旱生植物，植物吸收土壤水分并不存在同位素分馏现象。由于降水、表层蒸发、地下水补给、植物蒸腾等作用的影响，土壤各个剖面的含水率有着明显的不同。分析研究土壤剖面含水率与氢氧同位素值的变化不仅有助于分析土壤水的补给、损失等各种水力活动，更可以帮助判断植被水分的来源。根据样品测试结果，绘制不同深度含水率与同位素的变化图（图 4.7、图 4.8）。

　　由图可以看出，土壤含水率随采样点位置与埋深的不同波动较大，每个剖面中都出现了含水量的高峰。其中 5~20 cm 的土壤含水率在 1.0~9.0%，平均 3.51%。50~70 cm 的土壤含水率在 0.9~10.4%，平均 3.88%。100~120 cm 的土壤含水率在 1.1~12.3%，平均 4.22%。土壤剖面水分的显著差异主要与土壤质地、植被根系在土壤剖面的分布及水分利用有关。

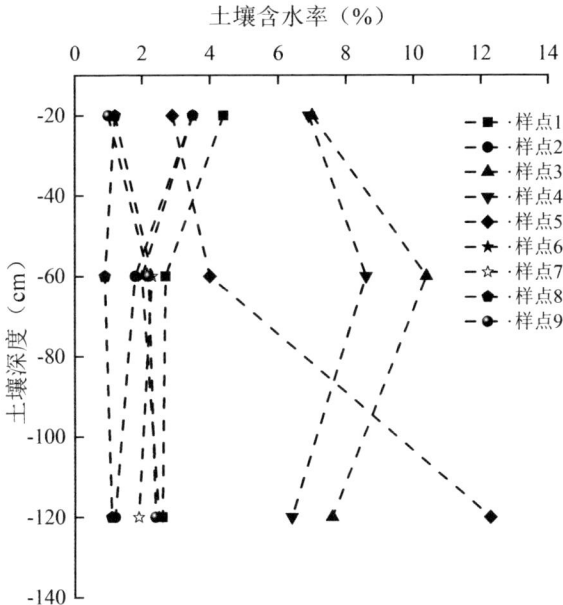

图 4.7　土壤剖面含水率变化趋势

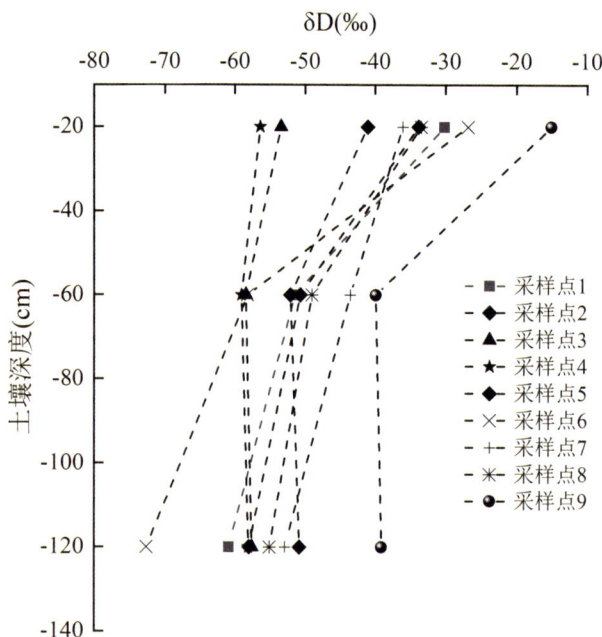

图 4.8 土壤剖面 δD 变化趋势

不同深度的土壤水 δD 值存在较大差异，并呈规律性变化。在 20 cm 深度左右均出现了 δD 最大值，20 cm 以下土壤水 δD 随深度增加含水率的减小而逐渐减小，120 cm 处接近地下水的 δD 值。土壤剖面含水率与 δD 值存在明显的线性关系。

4.3.2 不同来源水分贡献率

基于植物水、土壤水与地下水的稳定同位素 D、^{18}O 测定结果，选用多元线性模型对区内不同潜在水源对植被水的贡献比例进行了计算，结果如表 4.1 所示。

由表可以看出，区内植被生长水源主要来自于土壤，不同点位、不同土壤层对区内植被水的贡献率差异较大。其中 5~20 cm 土壤水占

表 4.1　植被对各潜在水源的利用比例

样点编号	水分利用比例(δD)/%				水分利用比例(δ¹⁸O)/%			
	土壤水			地下水	土壤水			地下水
	5~20 cm	50~70 cm	100~120 cm		5~20 cm	50~70 cm	100~120 cm	
1	32.9	20.0	19.3	27.8	34.5	21.2	20.2	24.1
2	35.4	18.1	12.2	34.3	37.9	19.5	12.9	29.7
3	24.2	35.8	26.1	23.9	21.8	32.5	23.9	21.8
4	26.3	32.7	24.4	16.6	24.4	29.8	22.3	23.5
5	9.7	13.5	39.6	37.2	10.6	14.5	44.8	30.1
6	28.4	16.3	20.2	35.1	27.8	15.9	19.8	36.5
7	18.4	35.5	29.3	16.8	17.9	34.1	28.3	19.7
8	27.3	20.4	24.8	27.8	26.0	19.5	23.7	30.8
9	11.6	25.5	27.8	35.1	10.7	23.6	25.8	39.9

比 10.15~36.65%，平均 23.66%；50~70 cm 土壤水占比 14.0~34.8%，平均 23.8%；100~120 cm 土壤水占比 12.55~42.2%，平均 24.74%。地下水的利用比例 18.25~37.5%，平均 28.36%。由此可以看出，研究区植被生长以吸收土壤水为主，地下水为辅。5~20 cm 和 50~70 cm 土壤水在植被体内水分中占比较大，说明植被在吸收土壤水的时候，主要吸收浅中层土壤水，深层土壤水由于埋藏较深，植被根系很难到达，所以难以被植物吸收利用。

4.3.3　煤炭开采对土壤水分的影响

煤炭大规模的开采引起的地面塌陷是矿山环境损害的重要组成部分。煤炭资源开采诱发的地面塌陷是指地下采煤活动导致地表岩、土体下沉，陷落的一种地质现象。地表沉陷、地表裂缝、塌陷坑（槽）是地面塌陷最主要的表现形式。实际调查结果显示宁东能源化工基地采煤诱发的地面塌陷的主要表现形式为地表沉陷和地表裂缝，两者均可通过增加无效蒸发量而导致土壤水分的散失，进而影响植被生态。

其中地表裂缝是矿区生态环境破坏最直观、最常见的表现形式，是一种非连续性移动变化。其产生、分布特征、发育规律、形成机理与煤层的赋存条件、开采技术等密切相关。地裂缝的存在加剧了植被赖以生存的土壤水分的散失。土壤水分散失空间上水分优先自裂缝裸露面散失，其次才会自地表散失，且增加的土壤水分散失面加剧了表土水分散失的程度和范围。

煤炭开采区地裂缝是导致植被生态地质环境破坏的一种重要方式，而土壤水分是评价地裂缝是否影响植被生态的重要指标。研究表明，地裂缝裸露面增加了土壤水分的散失。土壤水分散失时间呈动态变化，同气温呈正相关关系，其中，7月最大，8月次之。受土壤岩性的影响，随着土壤埋深增加，土壤含水率呈"S"形变化特征，不同岩性持水性大小顺序是：风积沙>黄土>根植土>粉土。

第5章 煤炭开采对地下水的影响预测

在水、煤共生的水文地质条件下，高强度、整体式的煤炭开采引起覆岩变形破坏，往往形成冒落带和导水裂隙带的"两带"结构。这一结构作为上覆含水层水量漏失和矿井充水的直接通道，直接导致含水层结构破坏、煤层与含水层出现水力联系、地下水位下降以及生态环境恶化等一系列问题。因此，通过计算"两带"高度衡量煤层开采后是否对地下水产生影响，是开展煤炭开采对地下水的影响预测的首要任务。

5.1 首采煤层与含水层的关系

煤层与含水层共存在一个地质体中，探明首采煤层与含水层的关系是计算"两带"高度的前提。此次研究的侏罗纪煤矿区影响开采的主要含水层是直罗组下段粗粒砂岩含水层，煤层与含水层组合有两种结构（图5.1）。第一种结构为羊场湾和灵新煤矿的覆岩模式（图5.1 a）。该结构自上而下为第四系 Q–侏罗系上统安定组 J3a–侏罗系中统直罗组 J2z–煤层，其首采煤层顶板属中硬岩石。第二种结构为梅花井和清水营井田的覆岩模式（图5.1 b），自上而下为第四系 Q–古近系渐新统清水营组 E3q–白垩系下统宜君组 K1y–侏罗系上统安定组 J3a–侏罗系中统直罗组 J2z–煤层。其中白垩系下统宜君组仅在梅花井井田东部边界零星残留，残留厚度 0~10 m 左右，钻孔中普遍有 1~2 m 的风化残留砾石，清水营组仅在清水营井田的东部及北部、梅花井井田的东部边界外零星分布。

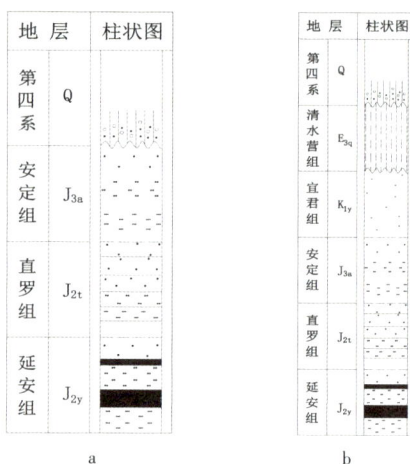

图 5.1　矿区首采煤层典型覆岩结构模式示意图（来源：作者自绘）

5.2　首采煤层"两带"高度的计算

5.2.1　计算方法

我国煤炭工业局制定的《建筑物、水体、铁路及主要井巷煤柱留设与压煤开采规程》（简称《规程》）与《矿区水文地质工程地质勘探规范》（以下简称《规范》）中，规定了冒落带和导水裂隙带在各种岩性条件下的经验计算公式。《规程》和《规范》中给出的公式概念清晰明确，计算方便简捷，可以根据不同矿区的不同地质条件选择公式进行计算（表 5.1、表 5.2、表 5.3）。

表 5.1　《规程》冒（跨）落带最大高度的经验计算公式

覆岩岩性(单向抗压强度及主要岩石名称)(Mpa)	计算公式(m)
坚硬(40~80 Mpa,石英砂岩、石灰岩、砂质页岩、砾岩)	$H_c << \dfrac{100\,m}{2.1\,m\quad 16} \sim 2.5$
中硬(20~40 Mpa,砂岩、泥质灰岩、砂质页岩、页岩)	$H_c << \dfrac{100\,m}{4.7\,m\quad 19} \sim 2.2$
软弱(10~20 Mpa,泥岩、泥质砂岩)	$H_c << \dfrac{100\,m}{6.2\,m\quad 32} \sim 1.5$
极软弱(<10 Mpa,铝土岩、风化泥岩、粘土、砂质粘土)	$H_c << \dfrac{100\,m}{7.0\,m\quad 63} \sim 1.2$

表 5.2　《规程》导水裂隙带最大高度的统计经验计算公式

岩性	计算公式之一(m)	计算公式之二(m)
坚硬	$H_f << \dfrac{100\,m}{2.1\,m\quad 2.0} \sim 8.9$	$H_f << 30\sqrt{m}\ 10$
中硬	$H_f << \dfrac{100\,m}{1.6\,m\quad 3.6} \sim 5.6$	$H_f << 20\sqrt{m}\ 10$
软弱	$H_f << \dfrac{100\,m}{3.1\,m\quad 5.0} \sim 4.0$	$H_f << 10\sqrt{m}\ 10$
极软弱	$H_f << \dfrac{100\,m}{5.0\,m\quad 8.0} \sim 3.0$	

表 5.3　《规范》冒落带与导水裂隙带最大高度的经验公式

煤层倾角(°)	岩石抗压强度(Mpa)	岩石名称	顶板管理方法	冒落带最大高度(m)	导水裂隙带最大高度(m)
0~50	40~60	辉绿岩、石灰岩、硅质石英岩、砾岩等	全部陷落	$H_c=(4-5)M$	$H_f << \dfrac{100\,M}{2.1\,n\quad 2.1} \sim 11.2$
	20~40	砂质页岩、泥质砂岩、页岩等	全部陷落	$H_c=(3-4)M$	$H_f << \dfrac{100\,M}{3.3\,n\quad 3.8} \sim 5.1$
	<20	风化岩石、页岩、泥质砂岩、黏土岩、第四系和新近系松散层等	全部陷落	$H_c=(1-2)M$	$H_f << \dfrac{100\,M}{5.1\,n\quad 5.2} \sim 5.1$

《规程》计算公式中，冒落带、裂隙带最大高度的统计经验公式与上覆岩层的岩性有关。其中计算公式中的第二项为中误差，$\sum m$ 为煤层累计采厚。《规范》公式中的 M、n 分别为累计采厚和煤层分层层数。

5.2.2 "两带"高度计算结果

受钻孔资料限制，本次研究主要针对梅花井、清水营、羊场湾与灵新井田四个矿区。依据磁窑堡图幅内各矿区井田钻孔资料，梅花井、清水营和灵新井田中硬岩石与软弱岩石同时存在，羊场湾井田为中硬岩石。按照《规程》与《规范》中不同岩性经验公式计算得到了四个井田的"两带"高度，结果见表 5.4。

表 5.4　磁窑堡矿区首采煤层"两带"高度计算结果统计表

井田名称	钻孔个数	煤厚(m)	冒落带高度(m)		导水裂隙带高度(m)		
			《规程》	《规范》	《规程》式一	《规程》式二	《规范》
清水营	5	2.04~6.28 / 3.97	7.14~12.94 / 9.33	8.16~25.12 / 15.90	24.73~46.01 / 34.53	33.02~60.11 / 44.43	33.83~93.55 / 56.43
梅花井	65	0.73~6.08 / 2.25	3.92~14.98 / 8.14	2.92~25.6 / 9.04	15.64~51.22 / 29.94	19.54~59.32 / 33.82	13.93~90.733 / 33.49
灵新煤矿	6	0.55~12.14 / 7.16	2.30~17.54 / 9.96	2.20~48.56 / 28.63	8.63~57.02 / 34.04	15.20~74.62 / 43.58	10.44~176.09 / 101.74
羊场湾	7	0.60~2.35 / 1.43	4.95~10.02 / 7.53	2.40~9.40 / 5.71	18.76~37.53 / 28.64	25.49~40.66 / 33.24	13.55~38.20 / 25.22

对比《规程》和《规范》"两带"发育高度计算可知，开采煤层层厚是导致区内井田计算结果产生差异的主要因素。由于清水营、梅花井和灵新煤矿井田内开采煤厚度大多数超过 3 m，采用《规范》公式所计算的结果普遍大于《规程》。羊场湾井田的煤层厚度均小于 3 m，因而采用《规程》公式的计算结果较大。出于对矿井生产的安全考虑，选用公式计算的最大值（表 5.5）作为判断"两带"高度发

育的最大程度，从而进一步预测煤层开采的最大影响。

本次计算清水营井田共统计钻孔 5 个，冒落带计算结果平均值为 15.90 m，导水裂隙带 56.43 m；梅花井井田共统计钻孔 65 个，冒落带 9.04 m，导水裂隙带 33.49 m；灵新煤矿井田共统计钻孔 6 个，冒落带 28.63 m，导水裂隙带 101.74 m。羊场湾井田统计钻孔 7 个，冒落带高度采用《规程》公式计算的结果，导水裂隙带高度使用《规程》公式二计算，冒落带计算结果为 7.53 m，导水裂隙带计算结果为 33.24 m。计算结果如表 5.5 所示。

表 5.5 首采煤层"两带"高度统计表

矿区名称	井田名称	煤厚（m）	覆岩岩性	冒落带高度（m）	导水裂隙带高度（m）
磁窑堡矿区	清水营（5）	4.88(>3 m)	中硬	15.90	56.43
	梅花井（65）	2.25(<3 m)	中硬	9.04	33.49
	灵新煤矿（6）	7.16(>3 m)	中硬	28.63	101.74
	羊场湾（7）	1.43(<3 m)	中硬	7.53	33.24

由表 5.5 可以看出，冒落带高度呈现出灵新煤矿>清水营>梅花井>羊场湾井田的发育特征。其中最大值出现在灵新煤矿，达到了 28.63 m，是羊场湾井田平均发育高度的 4 倍。导水裂隙带发育规律与冒落带一致，由大到小依次为灵新煤矿、清水营井田、梅花井井田、羊场湾井田。最大值同样位于灵新煤矿内，高于羊场湾井田最小值近 70 m。根据公式计算影响因素分析判断，清水营井田与灵新煤矿范围内地层构造比较丰富，研究钻孔的数量较少。其分布区内一部分上覆岩层为软弱类岩层，且首采煤层明显偏厚，因此导致"两带"高度的计算结果大于梅花井和羊场湾，灵新煤矿的导水裂隙带发育远强于其余井田。

5.3 煤炭开采对地下水影响预测

5.3.1 影响因素分析

煤炭开采对地下水的影响受到自然因素与人为因素的控制。其中自然因素包括水文地质条件、岩层结构特征、降水量和蒸发量等，而人为因素则包括煤炭开采方式、开采深度、开采面积和开采量等。基于前期调查，对比分析前人研究成果，本次研究选取四个因素评价煤炭开采对地下水影响。其中人为因素主要包括因煤层开采引发的冒落带发育高度和导水裂隙带发育高度。自然因素包括首采煤层与上覆含水层间距以及含水层富水性。

1. 冒落带发育高度

根据上节所确定的各井田冒落带高度的计算方法，对研究区各井田冒落带高度进行了计算，并依据计算结果绘制了磁窑堡图幅井田内冒落带高度等值线图（图5.2）。

由图可知，研究区内冒落带发育高度整体呈中北部高，南部低的趋势。除灵新煤矿冒落带整体发育较大，最高达到了48.56 m外，其余矿区发育高度一般不超过15 m。

清水营井田位于研究区图幅东北边缘，由于煤层沉积厚度较大，冒落带发育高度在0~21.75 m之间。其西南区发育较强，东北部发育相对较弱，不同区域发育高度相差较大。位于研究区东南部边缘的梅花井井田，冒落带发育高度为3~15.50 m。区内整体呈西低东高的发育趋势，西北部至西南部直罗组发育较小，东部发育高度较大，东北区发育高度达最大值。灵新煤矿位于研究区中部，冒落带发育高度为2.3~48.56 m，整体呈现由井田中南部逐渐向北部增大的趋势。其中最大值出现在井田东南区域，该区煤层开采煤厚度较大，发育高度普遍在 20 m 以上。羊场湾井田的冒落带图幅范围内值普遍较小，呈北高南低的趋势。全区发育高度为 0~15 m，与灵新煤矿接壤处发育高度最大，至南部区域逐渐减小。

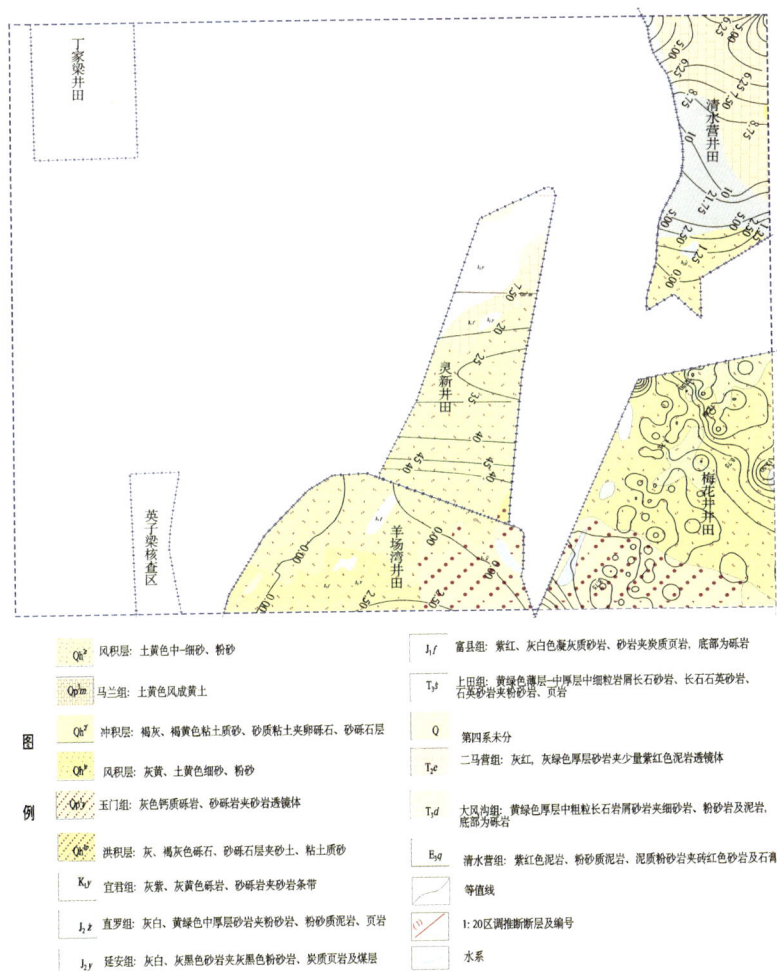

图 5.2　首采煤层冒落带高度发育规律图（单位：m）　（来源：作者自绘）

2. 导水裂隙带发育高度

由导水裂隙带高度的计算方法，对研究区各井田导水裂隙带高度进行了计算，并依据计算结果针对磁窑堡研究区编绘了导水裂隙带高度等值线图（图5.3）。

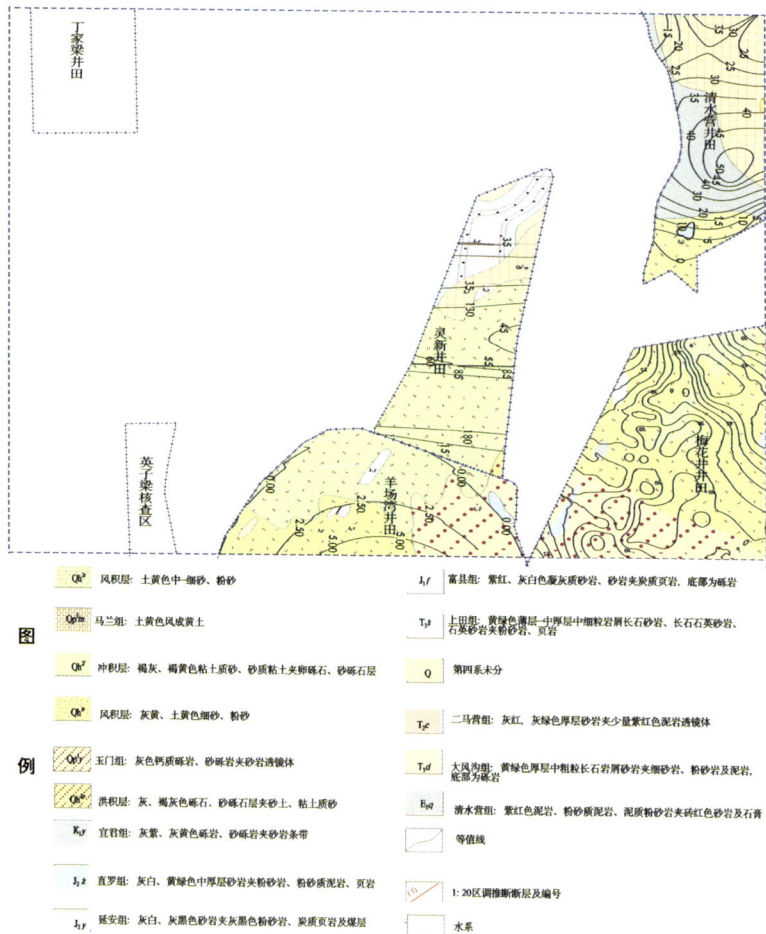

图 5.3　首采煤层导水裂隙带高度发育规律图（单位：m）　（来源：作者自绘）

由图 5.3 可以看出，各井田导水裂隙带高度与冒落带高度的发育规律基本一致。全区最小值位于羊场湾井田内，最大值仍出现在灵新煤矿。但是，导水裂隙带的发育高度值范围在 10~180 m，远远大于冒落带发育高度。其中，灵新煤矿导水裂隙带发育高度大多在 100 m 以上，最大值突破 170 m，远大于其他井田。清水营与梅花井井田普遍小于 60 m，梅花井东部小范围内出现 90 m 的井田最大值。由此可以看出首采煤层厚度差异以及上覆岩层的岩性是影响"两带"高度发育的主要原因。

3. 首采煤层与上覆含水层间距

首采煤层与主要含水层的间距是研究冒落带和导水裂隙带能否影响到上覆含水层的基础与关键要素。如果此间距小于"两带"高度，煤层开采后必然会影响到该含水层，使其结构发生改变，还有可能沟通上覆其他含水层，从而改变含水层之间的水力联系。如果间距大于"两带"高度，则对含水层没有破坏或破坏很小。因此，导水裂隙带高度与此距离的差值可以直接反应出煤层开采对含水层的影响程度。如果此差值大于零，表明煤层开采引起的"两带"高度发育超过了上覆隔水层，岩体结构发生了改变，上下岩层发生了水力联系。如果差值小于零，则表明含水层几乎不受影响。

基于全区 83 个钻孔"两带"计算结果，对比煤层上覆岩层厚度，对突破含水层钻孔数量进行了统计，得到了各井田因煤层采动导致"两带"高度发育沟通至含水层的钻孔数（图 5.4）。

由图 5.4 可以看出，区内导水裂隙带发育高度较大，除灵新煤矿中 1 个未能突破含水层外，其余 82 个钻孔全部突破直罗组下部砂岩含水层，87% 的钻孔冒落带突破上覆岩层。其中羊场湾井田"两带"高度发育突破上覆岩层达到了 100%。

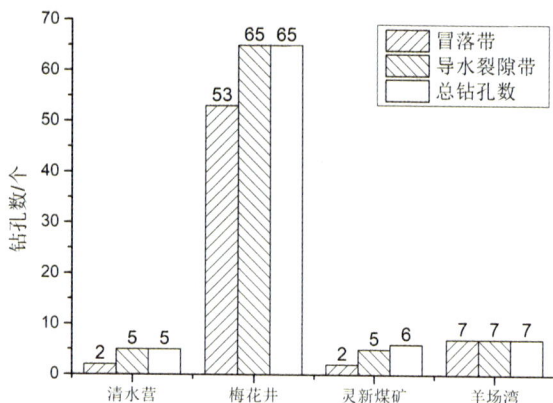

图 5.4 矿区"两带"高度突破主要含水层钻孔数统计图（来源：作者自绘）

根据磁窑堡图幅内各钻孔"两带"发育高度计算结果，绘制了首采煤层至主要含水层的距离与导水裂隙带、冒落带的差值等值线图（图 5.5、图 5.6）。

由上图可知，清水营井田导水裂隙带高度均发育至上覆主要含水层，最大发育高度 45 m，突破直罗组下部砂岩含水层到达上覆宜君组，使上下含水层发生水力联系，进行水量补给，延安组含水层水量增加。而井田内冒落带高度发育相对较弱，中部至北部区域未发育至含水层。

图幅范围内梅花井井田共有钻孔 65 个，井田内所有钻孔导水裂隙带高度均发育至上覆主要含水层，改变了上覆含水层富水性，增大含水层渗透性，使得下部含水层富水性增强。其中钻孔 608 导水裂隙带发育高度最大，达到了 84.76 m。井田内冒落带高度发育相对较小，中部大部分区域未沟通首采煤层上覆主要含水层。灵新煤矿井田内 6 个钻孔的"两带"高度值均发育较大。除钻孔 60-浅 9 导水裂隙带未发育至上覆含水层外，其余均已威胁到上覆含水层。井田南部部分区域导水裂隙带发育高度超过 150 m，可能沟通到达地表，使地表水、

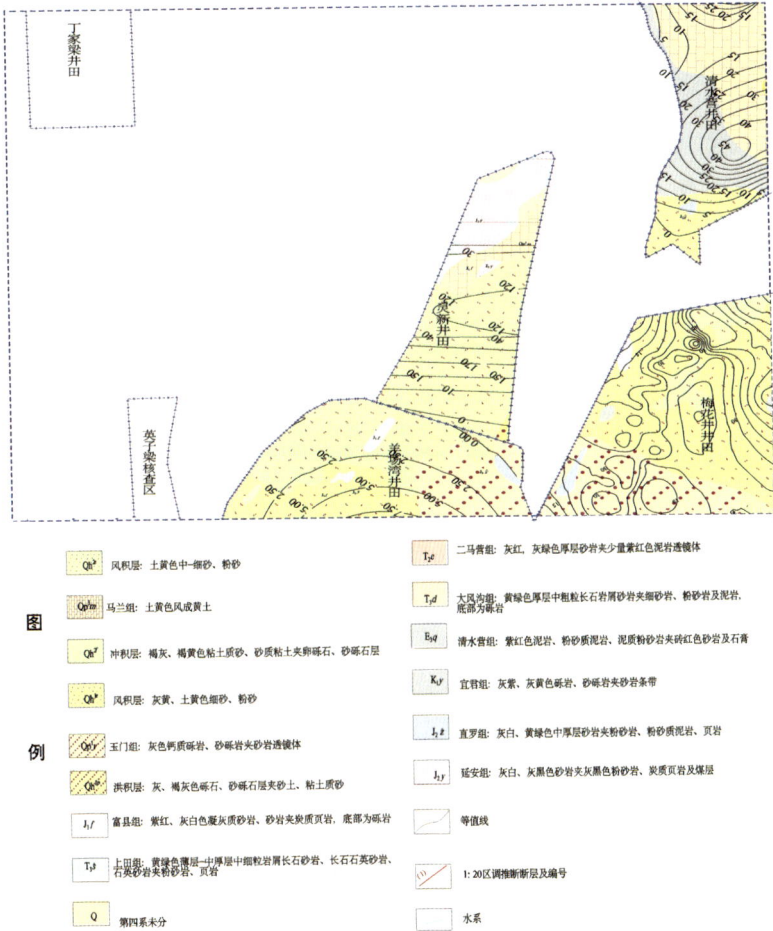

图 5.5　导水裂隙带与首采煤层至主要含水层间距差值变化规律图（单位：m）

（来源：作者自绘）

第四系含水层与其之下、首采煤层之上其他含水层发生水力联系。羊场湾首采煤层至上覆岩层之间的距离较小，导致共 7 个钻孔导水裂隙带均突破上覆含水层。但均位于图幅之外以南地区，该区由于煤层与

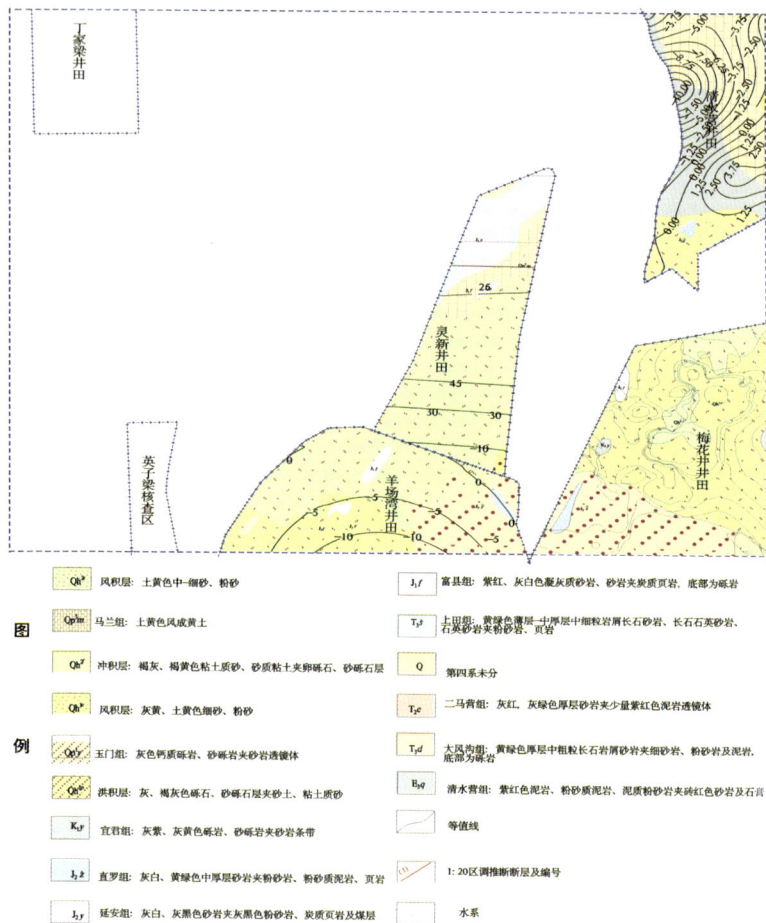

图 5.6　冒落带高度与首采煤层至主要含水层间距差值变化规律图（单位：m）
（来源：作者自绘）

直罗组含水层之间隔水层间距较小，上覆含水层受到采动影响，使得下部岩层富水性增强。

综上所述，研究区各井田受导水裂隙带影响显著。灵新煤矿导水裂隙带发育最大，煤层开采对主要含水层影响较大。清水营井田绝大部分区域导水裂隙带突破隔水层分别直达上覆宜君组主要含水层和直罗组主要含水层，上下岩层发生水力联系。梅花井井田区域内大部分钻孔突破隔水层"两带"高度发育至主要含水层，仅有小部分区域未受到煤层开采的影响。羊场湾井田相对影响较小，主要影响区位于与灵新井田交界处。

4. 富水性

含水层的富水性反映了含水层给出水的能力，而富水性强弱可通过钻孔的单位涌水量进行评价。单位涌水量越大，含水层的出水能力越强，富水性越好。通过清水营与梅花井井田钻孔主要含水层抽水试验结果，进一步对其单位涌水量与含水层厚度进行线性回归分析（图5.7）。

由图5.7可知，单位涌水量与含水层厚度之间具有较高的相关性，其相关系数达到了0.999。因此，侏罗系中统直罗组作为煤层上部主要含水层，其岩性、厚度对于钻孔单位涌水量以及含水层的富水性具

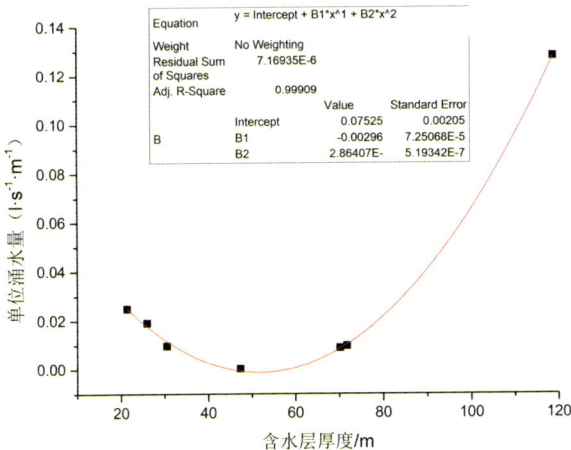

图 5.7　含水层厚度与涌水量关系图（来源：作者自绘）

有重要的影响。

（1）含水层厚度与分布

羊场湾井田的厚度变化由北而南，由西往东逐渐增厚；清水营井田含水层厚度自西而东，自南而北逐渐增厚；梅花井井田直罗组下段砂岩含水层分布于井田中部以东地区，该含水层厚度自西向东，自南而北逐渐增厚；灵新煤矿井田的厚度由西向东，由南向北逐渐增厚。

（2）含水层的富水性

据首采煤层顶板主要含水层的单孔抽水试验资料，清水营含水层的单位涌水量 0.01~0.6379 m^3/sm，平均值 0.1670 m^3/sm，渗透系数 0.01995~0.1538 m/d，平均 0.0710 m/d；梅花井含水层的单位涌水量 0.0002~0.034 m^3/sm，平均值 0.0009 m^3/sm，渗透系数 0.0004~0.0560 m/d，平均 0.0170 m/d；灵新煤矿含水层的单位涌水量 0.0189~0.0626 m^3/sm，平均值 0.03450 m^3/sm，渗透系数 0.0347~0.0996 m/d，平均 0.0593 m/d；羊场湾含水层的单位涌水量 0.0003~0.0190 m^3/sm，平均值 0.0079 m^3/sm，渗透系数 0.0006~0.0348 m/d，平均 0.0147 m/d。

综合上述分析，根据含水层单位涌水量与渗透系数的变化趋势，将研究区内含水层的富水性划分为三级，富水性由强到弱依次为强、较强、弱。清水营井田富水性强于其余井田，主要含水层厚度大，部分钻孔含水层厚度超过 100 m，钻孔单位涌水量大；灵新煤矿单位涌水量较大，主要含水层厚度较大，属于划分为富水性较强区；羊场湾井田和梅花井井田，钻孔单位涌水量都较小，划分为富水性弱区。

5.3.2 结果预测

基于以上分析可知，导水裂隙带高度、冒落带高度、煤层上覆岩层厚度与含水层富水性是煤炭开采对含水层产生影响的主要因素。因此，选择研究区这四项指标开展煤炭开采对地下水影响的综合评价。通过将每一评价指标划分为安全区（Ⅰ）、较危险区（Ⅱ）、危险区（Ⅲ）三个等级，进而通过图层叠加，最终查明煤炭开采对地下水的综合影响。

1. 导水裂隙带高度

导水裂隙带是使上下岩层发生水力联系的导水通道，也是矿坑发生突水事件的主要途径。导水裂隙带高度越大，透水性越大，从而发生突水情况的概率就越大。在此次研究中，导水裂隙带发育高度范围 10~180 m，因此将导水裂隙带高度在 0~20 m 范围内划为安全区（Ⅰ），20~40 m 为较危险区（Ⅱ），>40 m 则为危险区（Ⅲ）。研究区导水裂隙带高度分区如图 5.8。

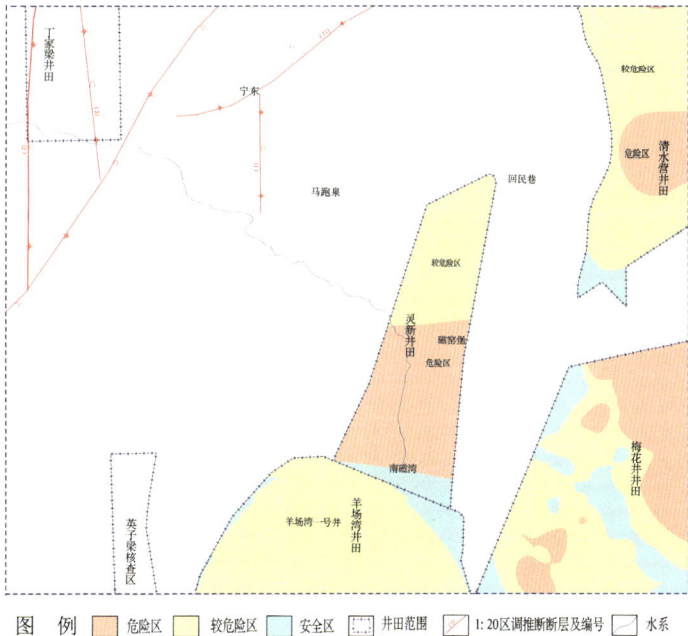

图 5.8　导水裂隙带高度发育分区图（来源：作者自绘）

由图 5.8 可以看出，研究区内大部分井田处于较危险区与危险区。

其中，危险区主要分布于梅花井井田东北部、清水营井田中部以及灵新煤矿中南部地区。由于导水裂隙带高度发育较大，灵新煤矿内仅存在危险区和较危险区，几乎无安全区，危险区超过井田面积一半，安全区则主要位于清水营井田南部边缘、羊场湾西部以及梅花井条带状分布区。

2. 冒落带高度

工作回采后上覆岩体垮落，从而形成冒落带。通过计算可知，研究区内冒落带高度发育在 2~50 m。因此，根据其发育范围将冒落带高度在 0~5 m 范围内的区域划为安全区（Ⅰ），5~10 m 划为较危险区（Ⅱ），>10 m 则为危险区（Ⅲ）。研究区内冒落带高度分区如图 5.9。

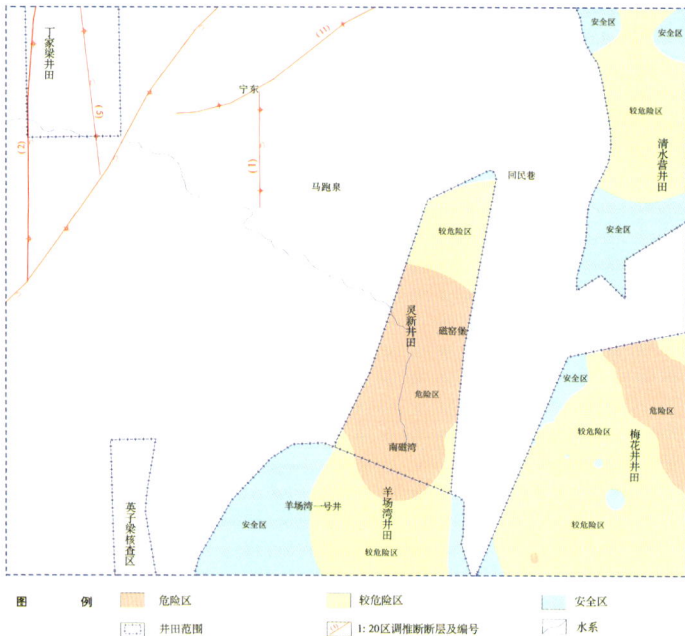

图 5.9　冒落带高度分区图（来源：作者自绘）

由图 5.9 可以看出，研究区内冒落带发育危险区较为集中，主要分布于梅花井东北部与灵新煤矿中南部，与导水裂隙带危险区一致。清水营井田南部、西北部以及东北部，羊场湾井田的西北和东北部冒落带发育高度较小，相对较为安全，是主要的安全区。

3. 首采煤层与含水层间距

首采煤层至含水层的距离，是决定"两带"发育能否导通含水层的关键因素。上覆岩层的厚度越大，地下水受到煤层开采影响越小。根据区内钻孔资料统计，区内首采煤层与含水层的距离在 0~40 m 之间，将上覆岩层厚度>10 m 的区域划分为安全区（Ⅰ），5~10 m 划分为较危险区（Ⅱ），0~5 m 范围内的区域为危险区（Ⅲ）。首采煤层至含水层距离分区如图 5.10。

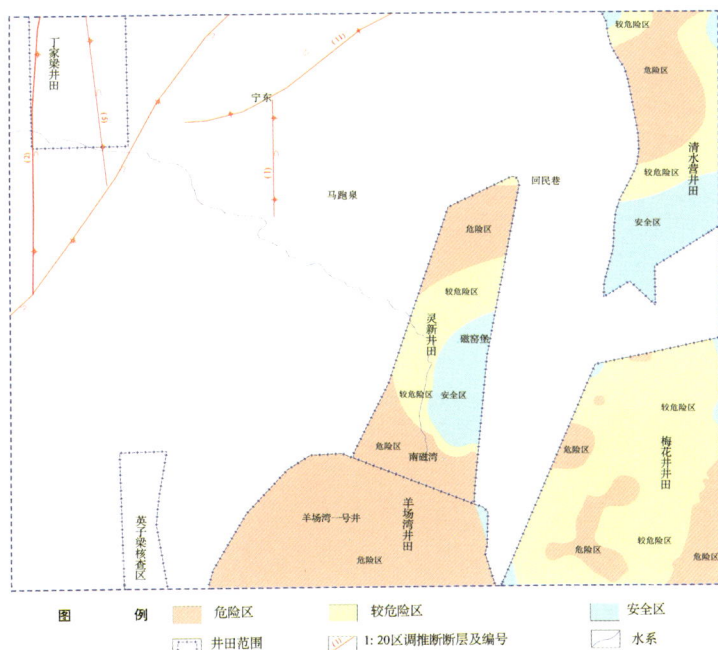

图 5.10　首采煤层至上覆含水层距离分区图（来源：作者自绘）

由图 5.10 可知，安全区主要分布于清水营井田与灵新煤矿两个矿区内，清水营南部和灵新煤矿中部的安全区较为集中，危险区主要位于灵新煤矿北部和南部、羊场湾、梅花井井田东南部以及清水营井田中北部。羊场湾井田因首采煤层至上覆岩层之间的距离较小，导致出现大面积危险区。

4. 富水性

根据单位涌水量对研究区富水性进行了分区（图 5.11）。钻孔单位涌水量范围为 0.0002~0.6379 m^3/sm，因此根据其范围将钻孔单位涌水量在 0~0.01 m^3/sm 划分为安全区（Ⅰ），0.01~0.025 m^3/sm 划分为较危险区（Ⅱ），>0.025 m^3/sm 则为危险区（Ⅲ）。

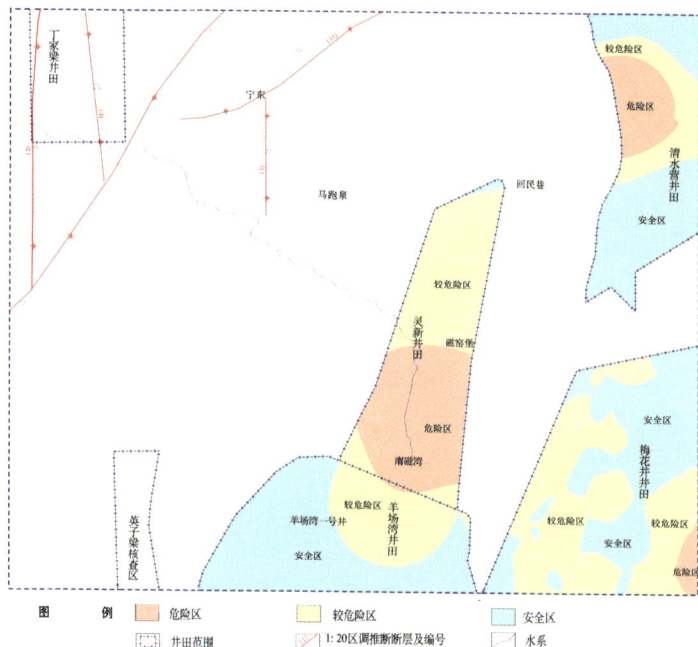

图 5.11　富水性分区图（来源：作者自绘）

由图 5.11 可知，梅花井和羊场湾井田富水性较弱，多数地区为安全区和较安全区。危险区主要出现在灵新煤矿和清水营，井田由于部分钻孔首采煤层上覆含水层厚度较大，钻孔单位涌水量偏大，导致岩体富水性增强。

5.综合评价

通过对研究区上述四个评价指标叠加，得到煤炭开采对地下水影响的综合评价结果。依据评价结果将首采煤层开采对地下水资源的影响划分为危险区、较危险区和安全区三种类型，并生成影响综合评价图（图 5.12）。

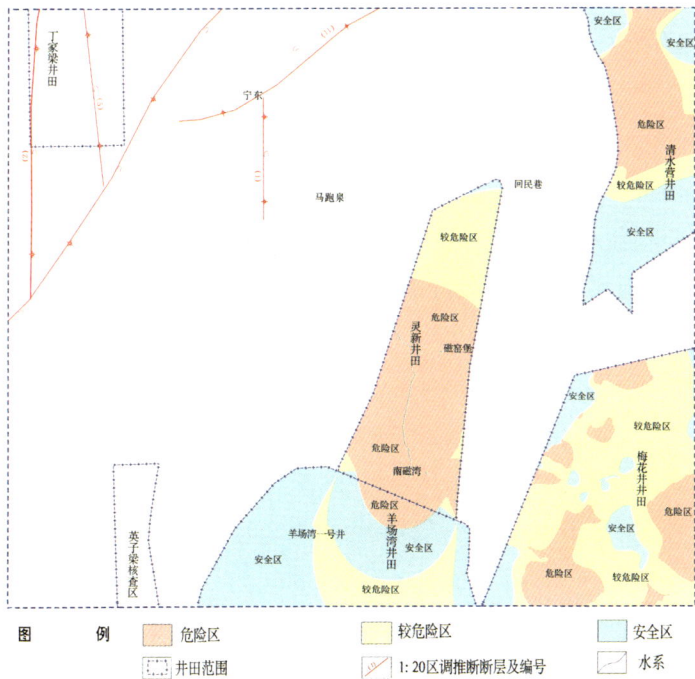

图 5.12　磁窑堡幅煤炭开采对地下水影响分区图（来源：作者自绘）

　　由图 5.12 可以看出，研究区内所处危险区、较危险区和安全区的比例较均衡，分别占有总研究区面积的 34.59%、35.4% 和 30.07%，但出现区域分布差异较大。各井田均出现有危险区，除羊场湾井田出现较少外，主要出现在灵新煤矿和清水营井田。较危险区分布较为零散，梅花井井田占有比例较大。处于安全区域占有部分最小，除灵新煤矿外，其余井田均有部分区域处于安全范围，其中清水营和羊场湾井田内安全区域最大。

　　由梅花井井田分区可知，较危险区分布最广，占井田面积的 63.28%。危险区分布较为分散，主要位于井田北部、南部和东部局部区域，占井田面积的 25.36%。安全区则相对较小，仅有 11.36%，主要分布在井田西北部、西南部边缘和中部偏南零星区域。

　　清水营井田安全区主要分布在井田周边，占全区面积的 45.20%。而中部至北部"两带"高度发育较大，且首采煤层与含水层距离较小，因此受煤层开采影响较大，属于危险区。

　　灵新煤矿由于煤层开采厚度大，"两带"高度发育较强，大多数已突破主要含水层，井田中北部区域至南部与羊场湾井田相接处矿区大多数面积处于危险地区，约有井田的 72.90%。较危险区大都出现在北部地区，约占 25.89%，井田内几乎无安全区，仅在井田北部边缘区，约有 1.21% 零星出现安全区，由此分析，灵新煤矿受煤层开采影响严重。

　　羊场湾井田由于地层结构和煤层开采与含水层的组合关系较特殊，与灵新煤矿相反，井田内安全区居多，约有 70.42% 的区域均属于安全区，约有 22.86% 处于较危险区，而危险区仅出现在井田北部与灵新煤矿相接处，约占井田 6.72% 区域，由此反映出羊场湾井田地下水受煤层开采影响较小。

　　根据预测结果对各井田危险区、较危险区和安全区所占面积进行了统计，绘制了统计结果图（图5.13）。

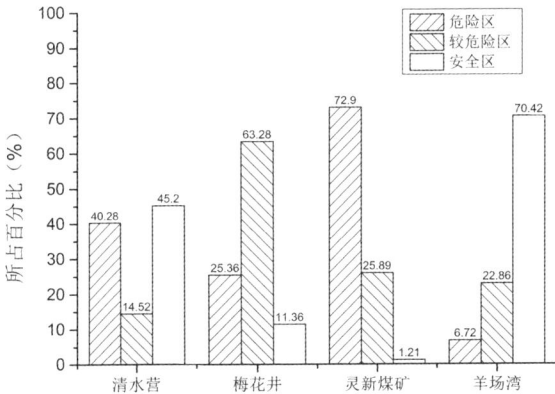

图 5.13　各井田分区统计对比图（来源：作者自绘）

　　综上，采用影响因素分区叠加分析方法，并结合研究区已有井田地质条件分析，区内煤层开采使侏罗纪矿区各井田地下水均受到不同程度的影响，主要影响的含水层为富水性强的侏罗系中统直罗组 J2z 含水层。由于灵新煤矿开采煤层厚度偏大，导致地下水所受影响最大，井田内危险区最多，次之为清水营井田，而羊场湾井田地下水所受影响相对较小。

第6章 结论与建议

6.1 结论

本次以宁东能源化工基地北部为研究区,通过资料收集、野外取样、数据分析、遥感解译、数值计算、模型预测,开展了煤炭开采对地下水与植被生态系统影响研究,查明了区内植被生长特征以及影响植被生态的主要因素;建立了地下水与植被生态的关系;探究了区内植被生长的地下水埋深范围以及水分来源;重点针对梅花井、清水营、羊场湾、灵新四个井田,进行了煤炭开采对地下水的影响预测。研究取得了以下认识。

1. 基于2000—2019年的MODIS遥感影像数据,查明了研究区植被指数的年内与年际变化趋势。2000—2019年NDVI值逐年上涨,表明该地区植被生态逐渐好转。其中7~9月气温、降水等自然条件最佳,植被生长最旺盛,植被指数达到年内最大。

2. 研究区内植被整体发育一般,大部分地区为植被覆盖一般区。植被主要受气温、降水量、蒸发量等气象要素影响。植被指数与气温、降水量均呈正相关关系,与蒸发量呈负相关关系,气象因素对植被的影响程度为气温>降水量>蒸发量。气候变化、降雨量增加是导致植被覆盖度增加的主要原因。

3. 研究区地下水对植被的影响较弱，植被指数在地下水位埋深 0~60 m 之间均有分布。不同地下水埋深条件下的植被生态阈值不同，其中 8~12 m 埋深区间内植被生长状况最好，植被覆盖度最高。

4. 研究区内植被生长水源主要来自于土壤，土壤水的贡献率平均为 72.2%。不同点位、不同土壤层对区内植被水的贡献率差异较大。5~20 cm 和 50~70 cm 土壤水在植被体内水分中占比较大，表明植被在吸收土壤水分时，主要以浅、中层土壤水为主。

5. 采用《规程》和《规范》的经验公式对不同地质条件的井田进行"两带"高度计算，得出研究区各井田冒落带高度发育值在 0~50 m，导水裂隙带高度在 0~180 m，其中灵新煤矿"两带"高度发育最大。

6. 建立了导水裂隙带高度、冒落带高度、煤层上覆岩层厚度与含水层富水性四个指标体系，开展了煤炭开采对地下水影响的综合评价。结果表明，灵新煤矿开采煤层厚度偏大，地下水所受影响最大。各井田影响程度表现为：灵新煤矿>清水营>梅花井>羊场湾。

6.2　建议

1. 由于研究区内地形差异较大，工作精度较低，导致观测井地下水位埋深无法控制全区，需在后续研究中增加地下水位的统测，进一步查明在地下水位埋深在小于 8 m 时 NDVI 与地下水埋深之间的关系。

2. 研究区内植被的水分主要来源于大气降水与土壤水，地下水对植被的影响较弱。但是，植被盖度变化会改变地表蒸发、蒸腾量，从而减小地下水的补给量。因此，植被生态对地下水具有较大的影响，后续研究中需加强植被生态–地下水耦合机制研究。

3. 研究区内各个矿区的煤层开采条件、地质条件的不同,煤炭开采对地下水的影响不同。由于疫情影响,无法进行计算结果的现场验证,后续可通过物探方法补充。同时结合研究结果在保证采煤安全的同时做好地下水资源以及植被生态的保护。

参考文献

［1］ 张宇,张明军,王圣杰,等.基于稳定氧同位素确定植物水分来源不同方法的比较［J］.生态学杂志,2020,39(04):1356-1368.

［2］ 陈立,刘亮,张明江.艾丁湖流域植被与地下水埋深关系分析［J］.地下水,2019,44(04):37-39.

［3］ 王超.呼伦贝尔草原露天煤矿区植被对地下水埋深变化响应研究［D］.内蒙古大学,2019.

［4］ 张永庭,魏采用,徐友宁,等.基于遥感技术的宁东煤炭基地土地利用变化及驱动力分析［J］.地质通报,2018,37(12):2169-2175.

［5］ 乔冈,徐友宁,陈华清,等.宁东煤矿区地裂缝对植被生态环境的影响［J］.地质通报,2018,37(12):2176-2183.

［6］ 杜灵通,徐友宁,宫菲,等.宁东煤炭基地植被生态特征及矿业开发对其的影响［J］.地质通报,2018,37(12):2215-2223.

［7］ 白妍丽.基于地表植被指数(NDVI)的民勤绿洲植被演变及与地下水的耦合关系研究［J］.甘肃水利水电技术,2018,54(11):7-12+17.

［8］ 范磊,赵振宏,王旭升,等.宁东能源化工基地水资源优化配置研究［J］.水资源与水工程学报,2018,29(04):41-46.

［9］ 范磊,侯光才,陶正平.毛乌素沙漠萨拉乌苏组地下水特征与植被分布关

系[J].水土保持学报,2018,32(04):151-157.

[10] 张江,李桂芳,贺亚玲,等.基于稳定同位素技术的塔里木河下游不同林龄胡杨的水分利用来源[J].生物多样性,2018,26(06):564-571.

[11] 马日新.格尔木河流域植被生态与地下水关系研究[D].西安科技大学,2018.

[12] 许浩,何建龙,王占军,等.基于稳定同位素技术的河东沙地沙蒿水分利用研究[J].宁夏农林科技,2018,59(02):7-9+37.

[13] 王强民,赵明.干旱半干旱区煤炭资源开采对水资源及植被生态影响综述[J].水资源与水工程学报,2017,28(03):77-81.

[14] 马雄德,范立民,严戈,等.植被对矿区地下水位变化响应研究[J].煤炭学报,2017,42(01):44-49.

[15] 邓志民,张翔,张华,等.鄱阳湖湿地土壤-植物-地下水稳定氧同位素组成分析[J].长江流域资源与环境,2016,25(06):989-995.

[16] 金晓媚,王松涛,夏薇.柴达木盆地植被对气候与地下水变化的响应研究[J].水文地质工程地质,2016,43(02):31-36+43.

[17] 安春华,杜慧彬,周大川.宁东地区煤矿沉陷区土地复垦研究——以马莲台煤矿沉陷区为例[J].农业科学研究,2015,36(04):47-50.

[18] 王林林,刘普幸,王允.近14年来柴达木盆地NDVI时空变化及其影响因素[J].生态学杂志,2015,34(06):1713-1722.

[19] 宋鹏飞,白利平,王国强,等.黑河流域地下水埋深与气候变化对植被覆盖的影响研究[J].北京师范大学学报(自然科学版),2014,50(05):549-554.

[20] 席海洋,冯起,司建华,等.黑河下游绿洲NDVI对地下水位变化的响应研究[J].中国沙漠,2013,33(02):574-582.

[21] 巩国丽,陈辉,段德玉.利用稳定氢氧同位素定量区分白刺水分来源的方法比较[J].生态学报,2011,31(24):7533-7541.

[22] 杨雪菲.民勤绿洲地下水位动态变化与气候变化下的植被响应研究[D].西北农林科技大学,2011.

[23] 石辉,刘世荣,赵晓广.稳定性氢氧同位素在水分循环中的应用[J].水土保持学报,2003,(02):163-166.

[24] 刘洁遥.基于降水稳定同位素的西北4省水汽来源研究[D].陕西师范大学,2019.

[25] 刘洁遥,张福平,冯起,等.陕甘宁地区降水稳定同位素特征及水汽来源[J].应用生态学报,2019,30(07):2191-2200.

[26] 冯洁,侯恩科,王苏健.宁东煤炭基地煤炭开采对地下水的影响预测[J].地质通报,2018,37(12):2184-2191.

[27] 王振兴,侯新伟,李向全,等.北方岩溶区煤炭开采对地下水的影响研究[J].人民黄河,2019,41(2):76-82.

[28] 裴晓峥.煤炭开采对地下水环境影响的研究[J].山西化工,2018,38(6):204-205+211.

[29] 邢茂林,阴静慧.陕北沙漠区浅埋厚煤层开采潜水位及生态响应[J].能源与环保,2020,42(1):169-173+177.

[30] 马雄德,范立民.榆神矿区地下水与生态环境演化特征[J].煤炭科学技术,2019,47(10):245-252.

[31] 柳宁,赵晓光,解海军,等.榆神府地区煤炭开采对地下水资源的影响[J].西安科技大学学报,2019,39(1):71-78.

[32] 冯洁.宁东煤炭资源开发对地下水的影响研究[D].西安科技大学,2012.

[33] 刘基,杨建,王强民.神府榆矿区采煤排水对地下水资源量的影响[J].煤矿开采,2017,22(5):106-109+101.

[34] 范立民,向茂西,彭捷,等.西部生态脆弱矿区地下水对高强度采煤的响应[J].煤炭学报,2016,41(11):2672-2678.

[35] 王军,马爱霞.郭家湾煤矿开采对地下水环境影响评价分析研究[J].环

境科学与管理,2016,41(2):170–172+181.

[36] 侯聪超.煤炭开采对地下水环境影响评价研究[D].黑龙江:黑龙江大学, 2018.

[37] 李小龙,黄海鹏,单志军,等.宁夏梅花井煤矿涌水量影响因素及计算分析[J].煤炭技术,2019,38(8):113–115.

[38] 海晶,孙玉芳,马永祥.宁夏石炭井矿区矿井涌水量与充水因素关系研究[J].地下水,2019,41(6):12–14+40.

[39] 黄建飞,谷纪领.龙门煤矿矿井涌水量预测及水文地质类型评价[J].能源与环保,2019,41(3):27–32.

[40] 傅耀军.华北型煤田矿井岩溶水涌(突)出机理与 涌(突)水量预测方法探讨[J].中国煤炭地质,2019,31(4):42–50.

[41] 宋宝德,郑新峇.基于数值模拟的矿井涌水量预测研究–以广东省阳山某矿区为例[J].广东化工,2019,46(12):39–40,53.

[42] 陈旸,梁世伟.覆岩导水裂隙带高度的研究方法[J].能源与节能,2019, (8):91–92.

[43] 陈静,高建辉.综采导水裂隙带高度预测方法研究[J].水利与建筑工程学报,2018,16(5):219–224.

[44] 韩新哲.采煤导水裂隙带发育高度计算公式概述[J].价值工程,2018,37 (20):235–236.

[45] 田灵涛.察哈素煤矿采空区覆岩"两带"高度研究[J].河南理工大学学报(自然科学版),2019,38(5):22–27.

[46] 马斌斌.综放条件下上覆岩层"两带"高度多因素经验公式确定[J].山西化工,2018,38(2):158–160.

[47] 孟建勇,刘永芳,池鹏.麻家梁井田煤炭开采对地下主要含水层的影响[J].煤炭技术,2019,38(7):146–149.

[48] 马剑飞,李向全.神东矿区煤炭开采对含水层破坏模式研究[J].煤炭科

学技术,2019,47(3):207-213.

〔49〕 王振兴,李向全,侯新伟,等.煤炭开采条件下三姑泉域岩溶含水层保护评价[J].中国岩溶,2019,38(1):28-39.

〔50〕 任美玲.煤炭开采对含水层影响预测及评价[D].山西大学,2014.

〔51〕 王文卿,刘渊.梅花井煤矿2煤厚度变化规律及影响因素[J].内蒙古煤炭经济,2018,(24):158-160.